执业资格考试丛书

# 一级注册建筑师考试
# 场地作图题汇评

（第九版）

教锦章　　陈景衡　　编著
陈初聚　　　　　　主审

中国建筑工业出版社

**图书在版编目（CIP）数据**

一级注册建筑师考试场地作图题汇评/教锦章，陈
景衡编著．—9版．—北京：中国建筑工业出版社，2017.12
（执业资格考试丛书）
ISBN 978-7-112-21655-0

Ⅰ．①—… Ⅱ．①教…②陈… Ⅲ．①建筑制图-资
格考试-自学参考资料 Ⅳ．①TU204.2

中国版本图书馆 CIP 数据核字（2017）第 314258 号

　　本书均为例题，但在每章前择优推介其他辅导书的相关基础知识章节，在前版基础上进行了修改和增补。全书分为三篇：第Ⅰ篇，通过模拟题诠释场地作图题的基本类型；第Ⅱ篇，按题型分类汇编历年试题近百道，除答案及评析外，重在链接群书、剖析同题异解，达到阅一知十、合纵连横的目的，形成本书的独特亮点；附录篇，分别为通用解题模式的总结及专题研讨。

　　本书以考生为本、立足实战，力求省时省力、授人以渔，是场地作图题考前必备的复习资料！

＊　　＊　　＊

责任编辑：杨　虹　尤凯曦
责任校对：党　蕾

执业资格考试丛书
**一级注册建筑师考试场地作图题汇评**
（第九版）
教锦章　陈景衡　编著
陈初聚　　　　主审

＊

中国建筑工业出版社出版、发行（北京海淀三里河路9号）
各地新华书店、建筑书店经销
北京嘉泰利德公司制版
北京盈盛恒通印刷有限公司印刷

＊

开本：787×1092毫米　1/16　印张：26¼　字数：633千字
2018年1月第九版　　2018年1月第十次印刷
定价：**70.00**元
ISBN 978-7-112-21655-0
（31508）

# 前言（第九版）

鉴于本书第八版进行了结构性调整，修改较大，致使今年考前两个月才出版面世，但两千册仍即告售完！从而证明本书的再次修编，适应了应试的需求、得到了考生的认同！因此也更坚定了本书编写十余年最终探索出的思路和形成的如下特色：

一、以服务考生为宗旨，分类汇编历年试题，通过熟习题型、掌握通用解题模式、专题研讨和立足于演练试题，以求必胜！

二、评析各书同题异解是本书独具的亮点，其目的是帮助考生在众多辅导书纷呈的试题答案面前，用较短的时间和精力，阅一知十、去伪存真，在差异中悟得正解！

三、为此，本书摆脱了力求完整、自成体系的惯性，不仅将基础知识的介绍改为择优推荐其他辅导书的相关章节，而且将自 2003 年以后的试题和解答也全部索引〈张清编作图题〉。本书则集中精力以其为基准对各书中的同题异解进行深入剖析，从而为考生提供了博采众长、强强联合的辅导方阵！

顺便指出：由于停考两年，除本书外的八册场地作图题辅导书中，仅〈耿长孚编考题〉、〈陈磊编指南〉、〈任乃鑫编作图〉和〈张清编作图题〉等四册编录有 2014 年试题的内容。〈曹伟浚编作图〉则未涉及，其他三册未出新版。

本书的修编始终得到张清老师的支持，绘图工作均由曲晓明建筑师完成，特此致谢！

# 前言（第八版）

据笔者统计，目前有关场地设计作图题的应试教材已达9册。其中历年试题因源于实战，可供考生直接了解题型、思路和难易，故成为各书例题的首选和主力。但也导致各书编录的试题大量雷同。然而更突出的问题还在于以下三点：

一者，由于国家从未公布历届试题的原文和标准答案，各书中所谓的"试题"和"答案"均系各自复原和编写的，因此同题异解在所难免。以2003~2013年的试题为例，在9册应试教材中，同一试题平均在6.9册内重复，且其中异解者平均占44%。

二者，由于各书力求完整和系统，均为自成一体的纵向模式。多不评析和链接他书，严重缺乏横向沟通。

三者，面对解答纷杂的众多教材，考生无暇更无力判别和取舍，只能倍感困惑与无奈！

对上述局面，笔者近年已有感触，且在前两版中有所修编。但因仍未跳出原有体系，仅能补救，难以治本。

因此，自本版起本书重新定位为：从剖析各书同题异解切入，以连横各书为己任。相应将版式调整为鼎立的三篇，既各有侧重，又分中有合、互通互补：

第Ⅰ篇为：通过模拟题诠释场地设计作图题的基本类型；

第Ⅱ篇为：分类汇编历年试题，重在剖析各书中的同题异解；

附录篇仍为：通用解题模式的总结和专题研讨。

不言而喻，第Ⅱ篇系本书再定位的体现，也是本书独具的亮点。相信通过对各书同题异解的剖析，定能使考生在比较中明了异解的原因、领悟试题的真谛。从而变纷杂为有序，达到阅一知十、事半功倍！

本版的改观，始终得到王莉慧副总编和杨虹编辑的首肯与操作！也得到张清老师的支持与协助，以及考生们的鼓励与期望！

自本版起，曹佩和曲晓明建筑师成为编写团队的生力军，承担资料搜集、整理、研讨，以及制图与文案工作。特此致谢并共勉！

# 前言（第七版）

在本书编写之初，即决定弃全求精，将相关理论知识的阐述改为推介或索引其他辅导书的优秀章节。而本书则以汇编和评析试题为己任，从而在同类教材的定位中与众不同！然而，在众多各有所长的辅导书中，如何突破自身的定势，整合出一套系统完整、优势互补的复习资料，则更是考生的当务之需！为此，本书再次进行了结构性调整与补充。

一、经《场地设计（作图题）》作者的同意，截至本版，与该书重复的 2000 年以后的"试题"本书已基本删除，改为在原题号后索引该书同题的题号，但仍保留和增加相关的评析与链接部分。也即，本书的其他内容主要涵盖以下三大部类：其一为 1992 年的美国试题，以及 1994 和 1996~1999 年我国的部分试题；其二为对应考试大纲和历年考试的题型，自编和摘编其他辅导书的典型例题；其三为对某些题型基本模式或通用解法的总结与讨论。

至此，两书将形成各有侧重、相辅相成的"联合体"。其例题总量已逾 130 道，纵贯二十余年、横括各类题型，应是目前对场地作图题最全面的汇总！但考生仍宜首先阅读《场地设计（作图题）》，掌握基础知识、了解近年"试题"，并同时参阅本书的相关评析与链接。然后再根据各自的情况，进而涉猎本书的各类例题、总结和讨论，从而构成复习的最佳攻略！

二、自第六版起，本书已不再编制当年的"试题与答案"。改为对各辅导书中历年的同一"试题"进行链接与评析，以满足考生无暇但又想遍览群书的渴望，也更充分体现了本书的宗旨与特点——汇而评之！

三、本版增加的附录五，主要是对场地分析试题的性质、内涵、命题原则，以及最大可建范围线的正确表达，给予全面的解读与讨论。附录六则对命题的严谨性——如何确保正确答案的唯一性，结合试题实例，进行了较详尽的剖析与总结。

与其他附录一样，其所有的探讨均表明：本书的评析并不局限于单个例题，还从更高层面对各类题型和命题本身存在的问题同样汇而评之！不言而喻，此举必将进一步提高考生审题与解题的能力。同时也是对命题者的提示，以利提升试题的整体质量水平！

本书的不断改进，始终得到王莉慧副总编和杨虹编辑的指导与操作，以及相关作者张清、赵晓光等老师的支持，更受到广大考生的欢迎，因而深受鼓舞和充满信心！

最后，本版的大量绘图工作系由建筑师范丽娟、曲晓明和柴华等人完成。在此一并深表感谢！

# 前言 (第六版)

一级注册建筑师资格考试的辅导教材目前已有四大系列丛书。其中有关场地作图题者均各有侧重和优势，但例题多有重复或大同小异，致使考生无暇也无力进行筛选、对照、分析与整合，难以达到融会贯通、胸有成竹的备考目标。而本书则愿承担此任，为考生排忧解难。为此，本版再次进行较大的修编。

一、最近出版的《场地设计 (作图题)》一书，以 2000 年以来历届试题为主，分步图示解答思路，并据此梳理相关的基础知识和规范要求。简明扼要、易于理解，切中考试的脉搏，针对性较强，颇受考生的青睐。经著者张清老师的同意，本书与该书基本重复的例题，自本版起将逐步删除，仅在原题号后索引该书的题号，但保留对该题的评析与链接内容。两书将互通互补、相辅相成，可使考生省时省力、事半功倍。

应指出的是：由于历届试题、答案和评分标准均属国家机密，从未公布。因此对该书所谓的真题、标准答案和评分标准不必过分"认真"。正如该书后记所言，其"真题"主要是从网站搜集和与考生交流探讨，最大限度复原而成。至于"标准答案"即便是真的，也难保其 100% 的正确性和唯一性 (这也是不公布的原因之一，以免产生纠纷)。而"评分标准"不论真假，重在从中明了试题的主、次考核点。

二、五月有幸与《场地设计 (作图) 应试指南》著者赵晓光老师会面，同感有必要压缩各自辅导教材的篇幅，力求实效、不必求全。因此，自本版起本书不再编制当年的"试题"，集中精力对往年的"试题"进行解析和汇评。

三、对每道例题仍力求辦开揉碎，分析设计条件和任务要求与唯一正确答案之间的因果关系，达到解一悟十、一通百通的效果。为此，将尽量充实链接内容，重点指出其他辅导教材同题答案不同的原因何在？即使不览原题也能心中有数！

四、本版在附录一中增加了用简化截面法求护坡转角面顶 (脚) 点的画法，从而使护坡转角处的两种工程做法有了完整的表达。同时，对正文中的此类例题也增加了该画法，以便于考生对照解读。但鉴于该类问题已属于场地施工详图的范畴，相关的试题也大多超出了命题范围，故考生能够建立基本概念和简单作图即可。但对于命题者则宜深入理解和掌握，以免试题过深过繁，造成考生不必要的失分！

本次修编作了较大的结构性调整，不仅得到相关著者的支持，更得到王莉慧副总编和杨虹编辑的指导与操作，以及建筑师曲晓明和曾洁英协助绘图，在此深表谢意！

# 前言（第五版）

　　每年春末，一级注册建筑师资格考试结束之后，辅导教材的编者即开始寻访、查询、搜集当年的"试题"资料，进行命题与解答，以便编入年终推出的新版教材，供次年考生学习。笔者历年也未例外，但面对年年积增、大同小异的众多"疑似试题"，不禁质疑：考生难道不对此倍感重负和困惑吗？笔者也自疑：本书欲以"一书通万卷"就能令考生"一通百通"吗？殊不知"百通"却要建立在"一通"之上，"一通"不通，何言"百通"？因此，自本版起，本书将减量求精：

　　一、删除无类型意义的例题，以后也不再汇入和链接，仅告知读者相关信息即可。篇幅将相应瘦身，力求精中选优。

　　二、新题的编写，将着重阐明设计条件的设置与正确答案的因果关系，以及指出易错之处，力求剖深析透。

　　三、对于保留的例题，将根据专家和读者反馈的意见和资料及时补充修正，使其更趋完善。

　　本书愿作益友，为复习时间有限的考生提供一册较为精深、实用的教材。特别要感谢赵晓光教授的合作与支持。在其所著《一级注册建筑师考试场地设计（作图）应试指南》中，有关场地设计基础知识的简明介绍，恰是本书的缺项，二者互为补充，应是攻坚的最佳组合。再次感谢柴华和程娜建筑师的热情协助，以及杨虹编辑的指导与劳作！

# 前言（第四版）

自实行职业资格考试制度以来，考前辅导教材的编印日益火爆，仅与场地作图题相关者即达7种以上。但其中大量例题彼此重复或稍作修改，了无新意。至于每年增添的"当年试题"，鉴于国家不公布真题及标准答案，均系根据零碎信息，各自编写而成，故差异更大且难免错漏。读者多对此迷惑不解、无所适从。为此，本版再次增加了"链接"内容，不仅尽量摘录其他辅导书中的同题答案，更着重指出与本书答案的不同之处及其原因。也即从比较中悟得真谛，变杂乱为有序。

据不少读者反映，读后颇感明白清晰，但临考依旧茫然无策。对此不必奇怪，因为在学习过程中，往往"弯路胜于捷径"，别人的经验总结并不能完全代替自己的探索。所以，在参阅本书时，对试题应先自行解答，然后再对照答案、提示和链接。这样无论自己的解答对错，均能从正反两个方面锻炼解题思路，而不是简单的接受他人的成果，才能改被动为主动，变"受鱼"为"受渔"。如时间充裕，更不妨重复演练，加深理解，则胜券必握！

本版在修订中，程娜建筑师热情提供信息资料，柴华建筑师则协助完成大量文稿工作，更得到杨虹编辑的辛勤操作，从而使本书如期出版。特此深表感谢！

# 前言（第三版）

考试难，出题亦难，这是命题人和汇编者的同感！例如，本书作为教材在多次辅导讲课时，学员即指出不少错漏与多解之处，令人恍然大悟！因此，纠错和补正是本版的首要任务，以免继续贻误读者。

对于场地作图题科目的考生而言，关键是要多多见识不同类型的例题，才能胸有成竹从容应对考题，在限时内正确解答。因此，本版修编的重点在于：参照相关书刊及网络信息，择优增加新题型，用以开阔考生的视野，积累应试经验！

当前有关场地作图题考试的辅导书籍有增无减，尽管例题仍大量雷同，但也不乏颇具新意尚无答案的习题。据此，笔者试解之，可供考生参考。

综上所述，本版共增改例题 22 道，从而使本书不仅以题量大领先，更以题型多取胜，进一步满足考生认知、解难、省时、速成的愿望。

自本版起，西安建筑科技大学陈景衡副教授欣然加盟，使本书的编辑力量得以加强，更具朝气！其分工为：教锦章和陈景衡主要负责例题的策划、编写和制图；陈初聚主要负责校核审查。

再次感谢西安建筑科技大学赵晓光教授交流资料和探讨指正，以及北京龙安华城建筑设计公司柴华建筑师协助完成文稿的整理工作。

# 前言（第二版）

本书面世以来，历年均作为教材在多地进行辅导讲课，效果颇佳。但其间通过与考生的面谈交流，深感应进一步修改和增补内容，满足考生认知、解难、省时、速成的愿望。其原因在于：

1. 大多数考生已为各设计单位的业务骨干，平时复习时间有限，主要靠考前两三个月进行突击。而当前辅导书籍众多，考生无暇读遍，更无力筛选。为此，改版后增加了"链接"内容，将其他书中同题但相异的答案录于题后，并指出差别的原因或错在何处。这样不仅可以加深对该题的理解，更达到一书通万卷、事半功倍的效果。

2. 鉴于我国当前的设计体制，多数考生虽已获中级职称，但仍较少场地设计的实践机会，而考取一级注册建筑师又是当务之急。因此，本书依然直接面向考试，以解题为目的，以求立竿见影。为此，首先要尽量汇集例题，用以开阔考生的眼界，做到临场不怯；进而通过传授同类题解的基本规律（如停车场布置的基本模式、组合路面等高线的画法等），使考生犹如掌握"万能钥匙"，做到无坚不摧。

3. 目前，在众多的场地作图题辅导书中，不少例题（包括某些"试题"），虽然更接近实际工程，但偏难偏繁，在限时内不可能完成。其中有的超出了场地作图题的考试范围，有的以琐碎的计算冲淡了对设计能力的考查，以致影响了考生的真实成绩。诚然，场地设计比结构、设备等专业更接近于建筑设计，但根据目前的专业分工和考试分科，毕竟属于相关专业。所以要求建筑师全面通晓场地设计内容（乃至场地设计施工图），显然是不恰当的。尽管场地作图题仍应源于工程实践，但必须对素材加以凝练和简化，集中考查设计概念，而不是运算能力。此点不仅考生要心中有数，对命题人更具指导意义，因而也是本书评析例题优劣的基本原则。

说到编写本书的目的，无非是凭借作者的设计经验和充分的时间，替考生在试前作些例题的汇集、过滤、分析、讨论和总结工作。以便节省他们的精力与时间，顺利通过考试，取得一级注册建筑师资格，在从业生涯中登上新的高度！因此，在本书增改过程中，得到了同行的热情支持。其中与西安建筑科技大学赵晓光先生多次交流资料和探讨切磋。而北京奥兰斯特建筑工程设计有限公司的杨文选、刘力萌、庞京京，以及北京龙安华城建筑设计有限公司的柴华等同志，则承担了大量的制图与文字工作，在此深表谢意！

# 前言（第一版）

一级注册建筑师资格考试自 1996 年举行以来，场地作图题的通过率一直很低。其原因有三：一者，试题脱胎于美国注册建筑师资格考试的题型，与我国现行的建筑教育及设计实践有一定的距离；二者，由于我国的设计体制分工过细（大设计院尤甚），只有少数建筑师专职从事场地设计，一般建筑师则接触较少；三者，命题深度把握不准，试题偏繁偏难。诚然，场地设计较其他专业更接近建筑设计，但毕竟仍属相关专业。因此，要求建筑师都能通晓场地施工图知识，显然强人所难。何况资格考试只是执业的入围线，而非竞赛。

为解建筑师应试的困境，作者曾于 2005 年编著《一级注册建筑师资格考试场地作图题解析》一书。该书按试题类型对应分章，不仅简要汇总相关基本知识，并通过大量例题明确解题的思路和技巧，力图为建筑师备考节省精力和时间，达到事半功倍的效果。近年，曾辅导讲课，且以解题为主，收效良好。据此，本书舍弃了阐述理论知识的内容，改为推介和索引其他辅导书籍中的相关章节，重在增加同类书刊和网上的试题资料，成为以试题评析为特点，实战性极强的考前辅导用书。本书的编写始终得到中国建筑西北设计研究院和中国建筑工业出版社的全力支持，从而得以顺利出版。

无需讳言，编写本书的目的就是替建筑师筛选群书、按类汇题、分析评介、总结规律，找寻应试的捷径。同时，也希望命题者从中汲取经验，促进资格考试工作的提高。

由于相关规范年年有所更新，而例题多系早期所拟，已不易修订，二者不符之处在所难免，特请读者注意和谅解。

最后，本书摘录或改编了同类书刊中的例题，并已征得原作者同意，在此也对相关作者深表感谢！更盼批评指正。

# 目 录

## 第 I 篇 场地作图题的基本类型与解析

# 第Ⅱ篇　分类汇编历年试题剖析各书同题异解

# 附录篇　通用解题模式和专题研讨

# 第Ⅰ篇

## 场地作图题的基本类型与解析

# 第1章 综　　述

## 1.1　场地设计的基本概念

### 1.1.1　场地设计的内容

首先要对城市规划的要求、场地自然环境和工程建设条件进行分析，并据以对建设场地内的建筑物、道路、广场、停车场、绿地、管线及其他工程设施进行系统考虑；进而确定这些工程项目的平面定位与竖向设计，以及场地与外部道路、管线的衔接工作。

### 1.1.2　场地设计与建筑设计

场地设计是建筑设计的先行环节，是建筑设计成败的关键和必要条件。场地设计的目的在于：充分有效地利用土地，以利于合理有序地组织生产与活动，最终达到建筑群体空间、形式与功能的完整统一，使建设项目发挥最大的经济、社会和环境效益。

鉴于场地设计对建筑设计的重要性，场地设计必然贯穿于建筑设计的全过程，前者是对后者的制约，后者是前者的深化，二者相辅相成，互为依存。不言而喻，与建筑设计相比，场地设计则更具地域性、综合性、预见性和政策性。

### 1.1.3　场地设计与城市规划

城市规划是根据一定时期城市及地区的经济和社会发展计划与目标，结合当地当时的具体条件，确定城市或地区的性质、规模和发展方向。关键在于合理利用土地、节省建设用地的综合部署和建设工作计划的全面安排。

根据我国《城乡规划法》的规定，城市规划工作包括：城镇体系规划、城市总体规划、分区规划和详细规划等阶段，而详细规划又分为控制性详细规划和修建性规划。其中，控制性详细规划以总体规划或分区规划为依据，详细规定了建设用地的各项控制指标和其他规划管理要求，或对建设作出指导性的具体安排和规划设计。因此，场地设计不仅要遵循城市规划的指导思想和建设计划，更要贯彻执行控制性详细规划的具体要求。

随着国外分区规划及控制性详细规划技术在我国规划中的广泛运用，与之相匹配的场地设计也日益受到普遍重视。与过去的建设项目总平面设计相比，后者更重视建设项目本身的工程技术与使用功能。

## 1.2　场地设计作图题的由来与变化

### 1.2.1　场地作图题的由来

我国实行注册建筑师制度的目的之一是与国际接轨，以适应设计体制改革、提高设计水平、促进国际交往，以及经济高速发展的需要。为此，从 1996 年第一届注册建筑师资格考试开始，就确立了在高起点与美国注册建筑师考试水平对接的原则，也即在考试科目的数量、内容及题型上均脱胎于美国试题。场地设计自然也不例外，分为知识题和作图题两科。其中知识题均为选择题；作图题包括 5 道单项题和 1 道综合题。

### 1.2.2　试题结构与内容的调整

在前言中已提及，由于美国题型与我国建筑教育、设计体制及实践有一定的距离，致使历年场地设计（特别是作图题）的通过率一直较低。因此，自 2003 年开始，试题结构与内容有所调整：

1. 与美国一样，将"设计前期工作"与"场地设计"两科合二为一。

2. 将场地设计作图题的单项题数量由 5 道减为 4 道。也即，将原"场地布置"单项题取消，其考核内容纳入"场地综合设计"题内。

3. 场地设计作图题的每道单项题内均增加"问答题"与考核内容基本对应，以便于电脑评分。"问答题"不及格者则不再进行人工评分。

### 1.2.3　上述变化对场地设计作图题的主要影响

1. "设计前期工作"的内容将纳入考核范围。但是由于"设计前期工作"均较宏观和复杂，不易在较短的时间内完成作图工作，因此，估计独立成题的可能性不大。当然，也不能排除涉及"选址"之类的简单考核点。

2. 单项题数量减少后，答题时间相对充裕。

3. 单项题增加"问答题"后，对考生实际上有所"提示"，解题的难度相对降低。

## 1.3　场地设计作图题的考核范围

### 1.3.1　试题范围

1. 试题主要局限于建设用地范围以内，其外则属于规划设计、场地选择、建筑策划的内容。如前所述，由于"场地设计"与"设计前期工作"二者合并，因此会增加考核后者的部分内容。

2. 考查基本限于居住区和一般民用建设项目，至今尚未见工业建设项目的考题。

### 1.3.2　试题深度

考查的深度，以方案及初步设计阶段的总图设计知识为主，同时也涉及施工图阶段总图设计的基础知识。

## 1.4　场地设计作图题的基本类型

### 1.4.1　单项题

单项题主要包括场地分析、场地地形、场地剖面、停车场、绿化布置和管道综合等。

每届考试选其中4道。

单项题的内容比较单一，主要考查考生对某一项场地设计知识掌握的程度。一般会设3~4个主要考核点。

分析表明，每类题均有较固定的基本考核点（否则该题不成立），另外再附加其他考核点。考生如对前者了如指掌，即可基本不丢分。例如，停车场的基本考核点是：出入口位置及数量、车位布置与数量、车道布局；附加考核点可以是：残疾人车位布置、地面坡度与排水、场地选择、引道设计和简单绿化等。一般不会再涉及与停车场无关的考核点，如场地分析、管线综合等，因为这些考核点应在相关的单项题中深入考查。

### 1.4.2 综合设计题

综合设计题主要是考查考生处理多项场地设计要素的综合能力。因为内容较广，主要考核点有4~6个。其基本考核点是：建筑物布置、室外空间组织、路网布局和竖向设计等。附加考核点可以是：停车场、绿地景观及运动场地布置等。由于涉及的要素较多，对每个要素的设计要求，与单项题相比自然要简单一些。例如：虽然也要求布置一个停车场，但规模不会大，也多不会要求设计场内地面排水，以及绿化等更详细内容。因为这些内容完全可以在相关的单项题内安排，以免影响对考生"综合能力"的考查。实际上，由于每个要素在综合题的图面中仅占很小一部分，过于细微的手绘表述也不太可能。

### 1.4.3 结语

无论是单项题还是综合题，通过归纳分析，均可以总结出每种题型命题依据的基本条件，以及考核的基本要求。

# 1.5 场地设计作图题解题要旨

### 1.5.1 仔细审题

为了便于评分，每道场地作图题必然也要有一个"标准答案"。为此，命题依据的各项条件尽量是"唯一"的，而各类有关场地设计的技术规范正是如此。同时，为了约束考生的解题思路，还必须在题目中增加制约条件。针对此两点，考生在复习中一定要多看相关规范，特别是要较熟练地掌握强制性条文；在解题时要仔细审题，特别是图面上的特征物（如古树、山石、遗迹、陡坡、水面等）以及设计要求（涉及规划、日照、风向、防火规范、其他规定等）；还应辨别命题中的干扰点和"陷阱"，避免失误和遗漏。

### 1.5.2 择易解题

场地设计作图题的答题时间总计为210分钟，满分为100分，及格分为50~60分，每届有所浮动。其中，综合题一道约占40分，解题时间约90分钟；单项题四道共约占60分（每题约15分），解题时间约120分钟（每题约30分钟）。因此，较好的解题顺序和时间分配如下：

首先在既定的时间内，尽量多做容易的单项题（不必顾及次序），解出三道题后（约

40 分），即可转做综合题，这样，只需再得 15~20 分则可确保及格。千万不要为一道难解的单项题而痛失综合题的解题时间，以致得不偿失。

反之，除非很有把握，一般不要先解综合题，而置单项题于不顾。因为综合题既费时又难得满分，如无两道以上正确的单项题补分，根本不可能及格。

### 1.5.3　遵守规定

考生解题前一定要看清有关作图规定，并应严格遵守，不可我行我素，标新立异。例如，单项题均有问答题，一定要选填答案，并用 2B 铅笔填涂答题卡，否则计算机评分即为"0"分，尽管已经作图，全题仍无分。再如，所有作图均应用黑色绘图笔绘制，若用铅笔或彩笔，即使图面漂亮，仍会被扣分甚至无分。

### 1.5.4　力戒花哨

最后，要提醒考生的是，布置建筑物、道路、景观、绿化时切忌花哨和复杂化，应以平直、简洁为佳，不然很易失分。须知注册考试不是方案评优，首要目的是"及格通过"。

## 1.6　应试辅导书介绍

当前有关场地作图题的辅导书众多，现选主要者简介如下：其中前四者为场地设计的综合性著作，如有时间参阅，可全面系统掌握场地设计的基础知识，不仅有助于工程实践，应试能力也必然提升！

而 1.6.3 和 1.6.4 所列诸书，均为直接针对场地作图题的应试教材，故自然成为建筑师备考的首选。

### 1.6.1　《建筑学场地设计》．闫寒著．北京：中国建筑工业出版社

就场地设计而言，该书是目前最完整、系统、务实和深入的专业著作。此书侧重于提高建筑师场地设计的技术能力，故没有附录任何"试题"，但对各类"试题"的正确解答均能找到最基础的依据，是考生释疑的"辞典"。

### 1.6.2　《民用建筑场地设计》．赵晓光，党春红编著．北京：中国建筑工业出版社

全书分为概述、设计条件、总体布局、竖向设计、道路设计、绿化设计、管线综合、设计文件编制八章。遵循理论与工程实践并重的原则，以系统的理论知识、规范和标准为指导，通过实例分步演示设计过程、方法和技巧，指出切实可行的设计思路，既可满足建筑师工程实践的需求，也可供考生学习参阅。

### 1.6.3　《场地设计作图考题答疑——试题命题与设计实践验证》．耿长孚编著．天津：天津大学出版社

本书按年份汇编每年的各类试题，是一部始自 1998 年以来场地作图试题的编年史。其对试题的解读与评议颇为独到，令人极受启发。同时，还汇编有 1992 年美国和 1994 年辽宁省场地作图题试题。本书的素材主要源自作者以前编著的《场地设计作图——注册建

筑师综合设计与实践检验答疑》和曹伟浚主编的《一级注册建筑师考试教材第六分册　建筑方案　技术与场地设计（作图）（含作图试题）（第九版）》。

**1.6.4**　在以下五大系列辅导丛书内，均有相关的场地作图题分册或章节。相应的内容简介见本书第Ⅱ篇第1章表Ⅱ.1.1。

1.《一级注册建筑师考试教材》．中国建筑工业出版社

2.《全国一级注册建筑师考试培训辅导用书》．中国建筑工业出版社

3.《全国一级注册建筑师执业资格考试　历年真题解析与模拟试卷》．中国电力出版社

4.《注册建筑师资格考试系列图书》．大连理工大学出版社

5.《全国一级注册建筑师执业资格考试备考速记全书》．北京科学技术出版社

# 第 2 章　场 地 分 析

场地分析试题是根据给出的环境和法规条件，对场地平面进行分析，绘出该场地开发的最大范围，有时还加绘分项开发的范围（如高层和多层住宅的用地范围等）。依据的环境条件主要为：现有的地形、地质、地貌、地物、风向及日照等。法规条件主要为：规划退界、防护距离（管线、噪声、卫生、古建与名木、视线）和防火间距等。

相关的基本知识及规范规定可阅读陈磊编指南和张清编作图题第一章第一、二节。其中有关防火间距、日照间距及遮挡的详细阐述可参见《建筑学场地设计》第 4.2 节和第 4.3 节。

历年的"场地分析"试题，仅限于对场地平面开发的分析，现按平地与坡地两大类型汇总评介如后。至于对场地上空竖向开发的分析，则归入"场地剖面"试题的范畴，将在该章节内阐述。

场地分析试题最大可建范围线的讨论详见附录 5。

## 2.1　平地的场地分析

### ■ 场地分析例题 2.1.1

本题是根据 2003 年单项题改型后所做的模拟试题，目的在于使考生对新题型有所印象，以弥补其他例题仍为旧题型的不足。

在新题型中，作图部分的考核点与问答部分的答案是对应一致的。因此，问答部分电脑评分不及格者，也即无需对作图部分再进行人工评分，以便节省评卷的工作量。针对此点，考生在解答作图部分时，还应关注问答部分的内容，定能从中得到启示和印证，解题自然会更加顺利和胸中有数。

【试题】

一、比例：见图 2.1.1-1（单位：m）。

二、设计条件

1. 用地现状

用地四邻情况、城市道路红线宽度、用地内已有建筑及道路等如图 2.1.1-1 所示。

2. 规划要求

（1）沿城市干道的高层建筑，其高度与距道路中心线的距离之比为 1：1；

（2）沿支路的高层建筑应退道路红线 10m；

（3）高层建筑应距用地西界线 25m。

3. 日照要求

（1）住宅冬至日有效日照时间应≥1h；

（2）当地住宅的日照间距为1∶1；

（3）当地有效日照时间为8∶00~16∶00；

（4）当地日照参数见下表：

| 时间 | 8∶00 | 9∶00 | 10∶00 | 11∶00 | 12∶00 |
| --- | --- | --- | --- | --- | --- |
| | 16∶00 | 15∶00 | 14∶00 | 13∶00 | |
| 方位角 | 60° | 45° | 30° | 15° | 0° |

平面图　　0 5 10　20m

图 2.1.1-1

9

4. 修建要求

（1）沿城市干道及支路均应布置建筑物；

（2）拟建高层建筑高度为 50m；

（3）已建及拟建高层建筑的外墙均按开窗考虑；

（4）已建高层住宅的日照方位控制点为该建筑的东南角。

三、任务要求

1. 在已有的用地内，用粗实线绘出拟建高层建筑的最大范围，并标注其与四周的相关尺寸。

2. 回答以下问题（将正确答案填入本页及答题卡的 [    ] 内。问答题的序号为本试卷所有同类题的流水号，以利电脑评分）

（5）拟建高层建筑与已建高层住宅及办公楼的最小距离为防火间距 [    ]。

A. 6m                B. 9m                C. 13m                D. 15m

（6）拟建高层建筑与已建高层住宅的最大距离为日照间距 [    ]。

A. 30m               B. 40m               C. 50m               D. 60m

（7）拟建高层建筑与城市干道道路红线的最小距离为 [    ]。

A. 10m               B. 20m               C. 30m               D. 40m

（8）当拟建高层建筑可建范围最大时，已建高层住宅的日照方位角为 [    ]。

A. 15°               B. 30°               C. 45°               D. 60°

附：答题卡（用 2B 铅笔将正确答案号涂黑）

| 考生信息栏（从略） |
| --- |
| (1) <br> (2) <br> (3)                          （从略） <br> (4) <br> (5)　　[A]　　[B]　　[C]　　[D] <br> (6)　　[A]　　[B]　　[C]　　[D] <br> (7)　　[A]　　[B]　　[C]　　[D] <br> (8)　　[A]　　[B]　　[C]　　[D] <br> (9) <br> (10) <br> (11)                         （从略） <br> (12) <br> (13) |

【答案】

一、问答部分：

（5）拟建高层建筑与已建高层住宅及办公楼的最小距离为防火间距［**C**］。

A. 6m          B. 9m          C. 13m          D. 15m

（6）拟建高层建筑与已建高层住宅的最大距离为日照间距［**C**］。

A. 30m          B. 40m          C. 50m          D. 60m

（7）拟建高层建筑与城市干道道路红线的最小距离为［**B**］。

A. 10m          B. 20m          C. 30m          D. 40m

（8）当拟建高层建筑可建范围最大时，已建高层住宅的日照方位角为［**C**］。

A. 15°          B. 30°          C. 45°          D. 60°

附：答题卡（用2B铅笔将正确答案号涂黑）

| 考生信息栏（从略） |
|---|
| （1）<br>（2）<br>（3）　　　　　　　　　　　（从略）<br>（4）<br>（5）　　［A］　　［B］　　[C]　　［D］<br>（6）　　［A］　　［B］　　[C]　　［D］<br>（7）　　［A］　　[B]　　［C］　　［D］<br>（8）　　［A］　　［B］　　[C]　　［D］<br>（9）<br>（10）<br>（11）　　　　　　　　　　　（从略）<br>（12）<br>（13） |

二、作图部分：见图2.1.1-2。

【考核点】

1. 高层建筑之间的防火间距；

2. 住宅日照高度角（日照间距）；

3. 住宅日照方位角；

4. 沿街建筑的高度控制；

5. 建筑物退道路红线和用地界线的规定。

平面图    0 5 10   20m

图 2.1.1-2

【提示】

1. 根据《高层民用建筑设计防火规范》第4.2.1条及"修建要求（3）"，拟建高层建筑区的北边线距已建高层住宅和办公楼的最小间距为防火间距13m。

2. 根据"日照要求（2）"，拟建高层建筑区北边线距已建高层住宅的最大间距为日照间距50m。

3. 根据"规划要求（1）"和"修建要求（2）"，拟建高层建筑区南边线距干道中心线50m，距道路红线50m-30m=20m。

4. 根据"日照要求（1）、（3）、（4）"和"修建要求（1）、（4）"，可分析得知：

已建高层住宅在下午 15：00~16：00 可满足规定日照时数，此时拟建高层建筑区的可建范围最大，且可沿支路修建。为此，应以高层住宅东南角为原点，作 45°日照方位角线，并与已画的防火间距线及日照间距线相交，形成拟建高层建筑区的西北边线。

5. 根据"规划要求（2）、（3）"，分别画出拟建高层建筑区的东、西边线。

6. 填写答题卡时，要细心核对，因为一旦有误，电脑只认题卡按错题计分，以致前功尽弃。

【评析】

1. 难度适中 ★★★☆☆。

2. 难点在于对太阳方位角和有效日照时间的理解和实践。

3. 本题模拟了试卷和解答的全貌，对第一次参试者是临阵前的"实战演习"，很有必要。

■ 场地分析例题 2.1.2

本例题摘自 1992 年美国注册建筑师考试的场地作图题试卷，实际上也是我国历年同类试题的原型，较有参考价值。特别是其答案兼有优秀、及格和不及格三类样卷，考生可从中得到启发和警示。

【试题】

一、设计条件

平面图 2.1.2-1 所示的地产是私人出售的，卖方还拥有该地块东面的地产。卖方对出售的地产在使用上要求买方不得在共同的用地界线 15.9m（50 英尺）以内建造房屋，并有下列限制：

1. 前院后退：19.0m（60 英尺）；

2. 边院后退：12.7m（40 英尺）；

3. 后院后退：15.9m（50 英尺）；

4. 公用设施用地宽度：19.0m（60 英尺）。

在上述后退距离及公用设施用地内均不得修建建筑物。

停车场可设在四周用地界线的 6.3m（20 英尺）以内。

二、任务要求

在平面图 2.1.2-1 内：

1. 用虚线画出所有的控制线，并标明该线的不同性质及尺寸。

2. 用实线画出并标明可作为停车场的用地控制线，但可不标注尺寸。

3. 用方格网线画出最大可建用地范围。

场地平面图  0  5  10  20m

图 2.1.2-1

【优秀答案】 见图 2.1.2-2。

评语：

1. 公用设施用地的范围和尺寸表示正确。

2. 前院、后院、西侧院范围和尺寸表示正确。

3. 东侧院不仅正确表示了 15.9m 宽的建造控制线，而且还表示了 12.7m 宽的侧院范围。

4. 最大可建用地范围表示正确，因为其中西北角处的小三角形地块也未遗漏。

图 2.1.2-2

**【及格答案】** 见图 2.1.2-3。

**评语:**

1. 除东侧院外，其他用地范围和尺寸均表示正确。其中停车场用地在公用设施用地内被中断是允许的，故不扣分。

2. 除西北角处的小三角形可建用地被遗漏外，其他处的可建用地范围表示正确。

场地平面图　　0　5　10　　　20m

图 2.1.2-3

【**不及格答案（一）**】 见图 2.1.2-4。

评语：

1. 停车范围以及东侧建造控制线、前院、后院、西侧院的范围和尺寸表示正确。但东侧院的范围和尺寸未表示。

2. 对公用设施用地总宽度理解错误，以致在该地段中心线两侧都留出了 19.0m 的地段，实际只需一半即可。

3. 由于上述错误，可建范围大大缩小，因此，未能正确表示其最大范围。其中西北角处的小三角形可建用地全部遗失。

图 2.1.2-4

【**不及格答案（二）**】 见图 2.1.2-5。

评语：

1. 东侧建造控制线以及公用设施用地、前院、后院、西侧院的范围和尺寸表示正确，但东侧院范围和尺寸未表示。

2. 停车场用地错误地画在上述控制线以内，说明考生对用地界线及各类控制线的概念未能正确理解。

3. 基于前述错误，可建范围自然也非最大值，特别是西北角的小三角形可建用地也被遗漏了。可建范围内也未用方格线图例表示。

场地平面图　0　5　10　　20m

图 2.1.2-5

■ 场地分析例题 2.1.3

【试题】

一、比例：见图 2.1.3-1（单位：m）。

二、设计条件

某场地如图 2.1.3-1 所示，用地南面、东面和北面为已建办公楼及住宅，业主拟在用地内修建居民住宅（6层、高18m）或别墅（2层、高10m）。规划管理部门对建设的要求如下：

1. 建筑控制线：西面和北面分别后退用地界线5m，东面和南面后退用地界线3m。

图 2.1.3-1

2. 当地日照间距：普通住宅 1∶1.2，别墅 1∶1.7。

3. 古树名木的胸径为 0.3m，树冠直径为 12m。

4. 场地设计标高取为自然地形标高的平均值。

三、任务要求

1. 在用地平面图上，绘出拟建普通住宅或别墅的最大可建范围，并注明尺寸。

2. 普通住宅的可建范围用 ////// 表示，别墅可建范围用 \\\\\\ 表示，两者均可建者，用叠加斜线表示。

【答案】见图 2.1.3-3。

【提示】

1. 后退界线

西侧后退道路红线 5.00m，北侧后退用地界线 5.00m，南侧和东侧后退用地界线 3.00m。

2. 地形高差

已建办公楼外地面地形标高为 102.2m，基地内地形平均标高为 $(2 \times 100.5 + 2 \times 99.9)/4 = 100.2m$，用地北侧住宅外地面的标高为 99.0m。前两者之间的高差为 102.2m−100.2m＝2.0m，后两者之间的高差为 100.2m−99.9m＝0.3m。

3. 日照间距

拟建建筑物与已建建筑的间距如图 2.1.3-2 所示。

图 2.1.3-2

已建办公楼与拟建普通住宅间距：$(20+2) \times 1.2 = 26.40m$，如图 2.1.3-2（a）所示，$(12+2) \times 1.2 = 16.80m$，如图 2.1.3-2（b）所示。

已建办公楼与拟建别墅间距：$(20+2) \times 1.7 = 37.40m$，$(12+2) \times 1.7 = 23.80m$。

拟建普通住宅与北面已建住宅间距：$(18+0.3) \times 1.2 = 21.96m$，如图 2.1.3-2（c）所示，故其与北用地界线的距离为 15.96m。

拟建别墅与北面已建住宅间距：$(10+0.3) \times 1.2 = 12.36m$，如图 2.1.3-2（d）所示，故其与北用地界线的距离为 6.36m。

4. 古树名木保护范围

根据《公园设计规范》CJJ48—1992 第 3.4.4 条规定：单株树同时满足树冠垂直投影及其外侧 5.0m 宽和距树干基部外缘水平距离为胸径 20 倍以内。本设计中古树名木的树冠为 12.00m，胸径 20 倍为 $0.30 \times 20 = 6.00m$，故其保护范围取为树冠垂直投影及其外侧 5.00m。

根据上述因素综合确定的可建建筑最大范围，如图 2.1.3-3 所示。

图 2.1.3-3

【评析】

1. 难度较大 ★★★★☆。

2. 本题源自〈陈磊编指南〉，系仿照试题Ⅱ.2.98 而作，并加大了难度，表现在：

（1）在北部增加已建住宅一栋，为此，拟建建筑的最大可建范围，则必须考虑不对该住宅形成日照遮挡。

（2）将地面改为三个台地，且一个尚为缓坡，计算时须首先求其平均标高，然后再考虑台地间高差对日照间距的影响。

（3）增加了对古树名木保护范围相关规范条文的考查，但该条文的数据不在建筑师常用之列，故很易失分。

综上所述，本题难度的增加必将导致一般考生不易在 30min 内完成。

■ 场地分析例题 2.1.4

【试题】

一、设计条件

1. 某建设用地的征地范围（含代征地）及相邻现状如图 2.1.4-1 所示。

2. 规划主、次干道的道路红线宽度分别为 36m 和 18m。

3. 距溪流中心线两侧各 12m 范围内为绿化带。

4. 规划要求建筑物前院退用地界线 16m，后院和侧院均退用地界线 12m。

5. 沿城市道路的用地界线内侧为停车带，其宽度为 6m。

图 2.1.4-1

二、任务要求

1. 绘图要求

22

（1）绘出用地界线和建筑控制线（均用粗实线表示）、停车带范围线（用细实线表示）。

（2）标注可建用地（并用方格网线画出）、前院、后院、侧院、停车带、绿化带的名称及其相关尺寸。

2. 回答问题

（1）在用地界线的下列表述中，［　　　］项是错误的。

A. 可与道路红线重合

B. 可与道路中心线重合

C. 可与征地范围线重合

（2）在建筑控制线的下列表述中，［　　　］项是错误的。

A. 可与道路红线重合

B. 可与用地界线重合

C. 建筑物的地下部分不受建筑控制线的限制

（3）本题中用地界线在［　　　］侧与道路红线、征地范围线重合。

A. 北　　　　　　　　B. 西　　　　　　　　C. 东南

【答案】

1. 绘图答案见图 2.1.4-2。

2. 问题答案：（1）B　　　（2）C　　　（3）A

图 2.1.4-2

【考核点】

1. 道路红线；
2. 建筑控制线；
3. 用地界线；
4. 征地范围线。

【提示】

1. 取主、次干道道路红线宽度的1/2，在道路中心线内侧平行画出各自的道路红线，也即得临路的用地界线，其中北侧者与征地范围线重合。

2. 距溪流中心线12m，在右侧平行画得绿化带，则用地界线完整围合。

3. 按给出的宽度，画出前、后、侧院的范围线，即可得建筑控制线，并用方格网线画出可建范围区。

4. 在临路用地界线的内侧，按宽度6m画出停车带范围线。

【评析】

1. 难度不大 ★★☆☆☆。

2. 本题与美国试题（例题2.1.2）相近，且更容易，只要对场地各类界线的含义理解正确，按部就班地绘图，正确答案则可一气呵成。

3. 本题源自〈注册网编作图〉。原题无答案，现试作之，但对命题稍有修改。

■ 场地分析试题Ⅱ.2.96、Ⅱ.2.98～Ⅱ.2.01、Ⅱ.2.03～Ⅱ.2.06、Ⅱ.2.08～Ⅱ.2.14（详见第Ⅱ篇第2章）

# 2.2 坡地的场地分析

■ 场地分析例题 2.2.1

【试题】

本例题源自1992年美国注册建筑师资格考试的试题，也是我国历年同类试题的原型。

一、设计条件

1. 某建设用地的地形、地物如图2.2.1-1所示。

2. 已有树木不得破坏，距小溪中心线12.7m（40英尺）范围内及坡度大于10%地带不得进行建设。

二、任务要求：绘出最大可建用地范围，用 ▨▨▨▨▨ 表示。

图 2.2.1-1

【答案】

1. 不及格试卷（见图 2.2.1-2）。

评语：

粗看本答卷似乎正确，满足所有要求，可得高分，但是它在绘制水道限制时却犯了一个严重的错误，控制线距离是沿小溪中心线的平行线画的，而不是垂直于小溪的中心线，其结果是画出的可建面积有几处离小溪过近，故本答案不及格。

2. 及格试卷（见图 2.2.1-3）。

评语：

本卷正确表现了题目所要求的有关可建面积的概念，它画出了整个小于 10% 坡度的面积，包括延伸到平面图底部的树木处的地块，以及场地左面的小角及顶部的小块，左侧被夸大了的踏步式可建面积线是可以接受的。水道限制正确地画在与小溪垂直距离 12.7m 的线上，并用斜线标出可建面积，本答卷可及格。

图 2.2.1-2

## ■ 场地分析例题 2.2.2

本题摘自〈任乃鑫编模拟题〉，明显脱胎于美国试题。

【试题】

一、设计条件

1. 某地区的地形、地物如图 2.2.2-1 所示。

2. 已有树木不得破坏，洪水淹没线标高为 11.0m；距溪流中心线 6m 和距海岸线 10m，以及坡度大于 10%地带均不得进行建设。

二、任务要求：绘出最大可建范围线，并用▨▨▨▨网线表示。

批语：踏步式外廊可以接受。

492' [155.8m]
491' [155.5m]
490' [155.2m]
489' [154.9m]
488' [154.6m]
487' [154.3m]
486' [154m]
485' [153.7m]
484' [153.4m]
483' [153.1m]
482' [152.8m]
481' [152.5m]
480' [152.2m]
479' [151.9m]
478' [151.6m]

40'-0"

40'-0"

批语：溪流控制线与小溪的垂直距离。

批语：答案包括小角落①②、③。

树木

树木

小溪中心线

小溪中心线

488' [154.6m]
487' [154.3m]
486' [154m]
485' [153.7m]
484' [153.4m]
483' [153.1m]
482' [152.8m]
481' [152.5m]
480' [152.2m]
479' [151.9m]
478' [151.6m]
477' [151.3m]
476' [151.5m]
小溪中心线 [151.1m]

北

图 2.2.1-3

【答案】

如图 2.2.2-2 所示。

【提示】

1. 沿已有树木外缘画出可建线。

2. 距溪流中心线 6m 和海岸线 10m 画出可建范围线（均为垂直距离）。

3. 洪水淹没线即为 11.0m 标高线。

4. 已知等高距为 0.3m，当坡度为 10% 时，其等高线间距应为 3m，按所示的 1：250 比例量取一线段（可在另一纸条上），以此线段在图中相邻的等高线间找出等高线间距为 3m 处，其与等高线的连线也为可建范围线。

5. 上述诸线的围合区即为最大可建范围。

27

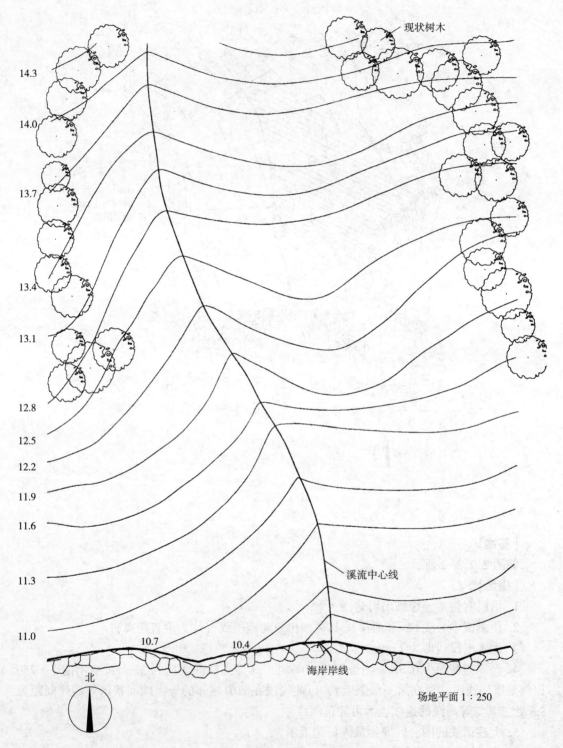

现状树木

14.3

14.0

13.7

13.4

13.1

12.8

12.5

12.2

11.9

11.6

11.3

11.0

10.7

10.4

溪流中心线

海岸岸线

北

场地平面 1：250

图 2.2.2-1

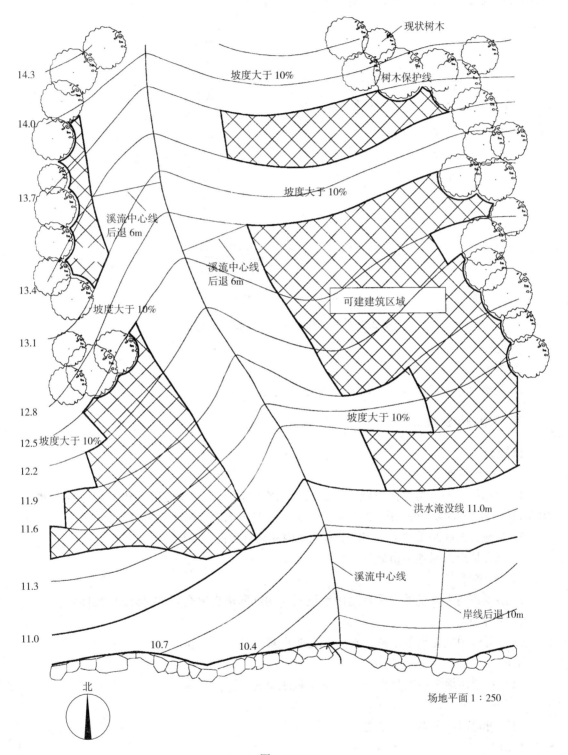

14.3

14.0

13.7

13.4

13.1

12.8

12.5

12.2

11.9

11.6

11.3

11.0

现状树木

坡度大于10%

树木保护线

坡度大于10%

溪流中心线
后退6m

溪流中心线
后退6m

可建建筑区域

坡度大于10%

坡度大于10%

坡度大于10%

洪水淹没线 11.0m

溪流中心线

岸线后退10m

10.7        10.4

北

场地平面 1：250

图 2.2.2-2

6. 确定等高线间距位置时，应按图 2.2.2-3 所示的规律：与上下相邻等高线切线形成的交角应近似相等。欲深入了解原理可见《建筑学场地设计》第 1.2.3 节。

图 2.2.2-3 （摘自《建筑学场地设计》）

【评析】

1. 难度适中 ★★★☆☆。

2. 关键要掌握确定等高线间距位置的规律。

■ **场地分析例题 2.2.3**

【试题】

一、设计条件

1. 两栋同高的公寓建在坡地上，在其间的空地内再拟建养老院一栋（屋面比公寓高出 3m）。现状平面及剖面如图 2.2.3-1 所示，其中 ABCD 为用地范围的四个角点。

2. 当地日照间距系数为 1，暂不考虑室内外高差和窗台高度。

3. 现有地形及绿地不得破坏。

二、任务要求

1. 绘制拟建养老院的最大可建用地范围（用细网格线填充），并标注相关尺寸。

2. 回答问题

（1）可建用地北界距公寓（一）的最近距离为 〔 　 〕m。

A. 6　　　　　　　　B. 9　　　　　　　　C. 12

（2）可建用地南界距公寓（二）的最远距离为 〔 　 〕m。

A. 6　　　　　　　　B. 9　　　　　　　　C. 12

（3）可建用地东界的长度为 〔 　 〕m。

A. 21　　　　　　　B. 18　　　　　　　C. 15

（4）可建用地的面积为 〔 　 〕 m²。

1—1

图 2.2.3-1

A. 396          B. 495          C. 528

【答案】

1. 绘图答案见图 2.2.3-2。

2. 问题答案：（1）B    （2）C    （3）A    （4）B

【提示】

1. 根据剖面 1-1 可知，公寓（二）在 D 点的高度为 6m，又知日照间距系数为 1，故可建用地南界的东南角点 e 距公寓（二）为 6m，同理可得 f、g 两点距公寓（二）均为 9m，h 点距公寓（二）为 12m。连接 e、f、g、h 四点即得可建用地的南侧范围线。

2. 拟建公共建筑屋面高出公寓 3m，其标高则为 28.0m，也即拟建建筑东侧的高度为 28.0m-19.0m＝9.0m。已知日照间距系数为 1，故可建用地东北角点 a 也距公寓（一）为 9m。同理可知 b、c 两点距公寓（一）为 12m，d 点距公寓（一）为 15m。连接 a、b、c、

图 2.2.3-2

d 四点则得可建用地的北侧范围线。

3. 连接 ae（长 21m）和 dh（长 9m），则得可建用地东、西侧的范围线。其面积为（21m－2×3m）×33m＝15m×33m＝495m²。

**【评析】**

1. 难度适中 ★★★☆☆。

2. 日照间距系数为本题的主要考核点，但因已建与拟建建筑高度不同，且垂直坡地布置。故只有概念特别清晰者，才能迅速完成。

■ **场地分析例题 2.2.4**

**【试题】**

本题摘自《场地设计（作图）应试指南》，但原型见于《风景建筑学场地工程》例 3.1。

一、比例：见图 2.2.4-1（单位：m）。

二、设计条件

某用地地形图如图 2.2.4-1 所示，已知等高距为 2m。

三、任务要求

1. 回答问题：

（1）地形坡度等于 10% 时，等高线的间距为 [　　]。

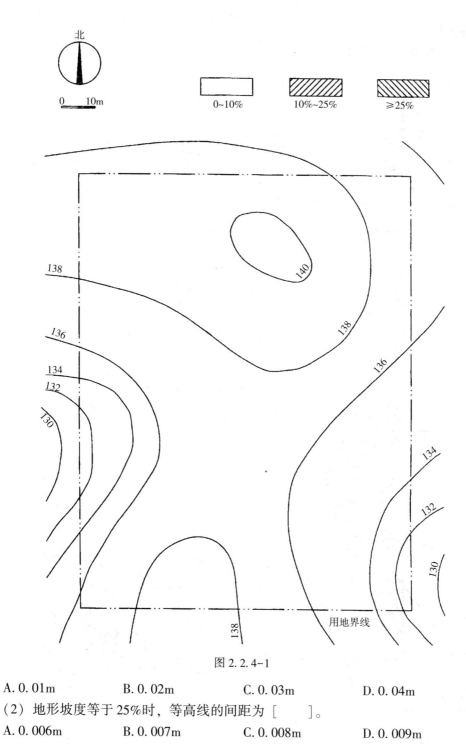

图 2.2.4-1

A. 0.01m　　　　B. 0.02m　　　　C. 0.03m　　　　D. 0.04m

（2）地形坡度等于25%时，等高线的间距为 [　　　]。

A. 0.006m　　　B. 0.007m　　　C. 0.008m　　　D. 0.009m

2. 将用地按 0~10%、10%~25%和>25%的标准，进行坡度分类。

3. 在用地平面图上绘出 0~10% 的可建建筑范围，并用 ▭ 线表示；绘出 10%~25%的占地范围，并用 ▨ 线表示；绘出 ≥25%的占地范围，并用 ▨ 线表示。

【答案】

1. 作图答案见图 2.2.4-2。

图 2.2.4-2

2. 问题答案：

（1）B    （2）C

【提示】

1. 计算等高线间距：

对应于 10% 坡度的等高线的间距为 $d_{10}$，对应于 25% 坡度的等高线的间距为 $d_{25}$，则可得：

$d_{10}=2\div（10\%\times1000）=0.02m=2cm$

$d_{25}=2\div（25\%\times1000）=0.008m=8mm$

2. 用长度 2cm 和 8mm 绘制楔形图，如图 2.2.4-3（a）所示。

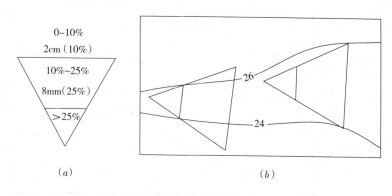

图 2.2.4-3

（a）绘制；（b）使用

3. 用楔形图在平面图中分别查找等高间距为 2cm 和 8mm 的点（如图 2.2.4-3（b）所示），相应地用图例表示出 0~10%、10%~25% 和 >25% 的用地范围，见图 2.2.4-2，可迅速找出等高线的坡度变化范围。

【评析】

1. 难度较大 ★★★★☆。

2. 依据的概念未变，但由于增加了一个坡度范围的寻找，工作量倍增，一般考生很难在 30min 内完成。

■ **场地分析例题 2.2.5**（摘自《场地设计（作图）应试指南》）

【试题】

一、比例：见图 2.2.5-1（单位：m）。

二、设计条件

1. 图 2.2.5-1 为某基地需要的设计地面 abcd，其设计标高为 28.00m。

2. 设计地面四周的边坡占地范围如该图所示。

三、任务要求

1. 回答问题：

（1）零线位于自然地形等高线的标高为 [    ] 的位置。

A. 25.00m          B. 26.00m          C. 27.00m          D. 28.00m

（2）零线南侧为 [    ]，北侧为 [    ]。

A. 填方、挖方                      B. 挖方、填方

（3）挖方坡脚与建筑物的最小距离为 [    ]。

北

0  10m

图 2.2.5-1

A. 1. 5m          B. 3. 0m          C. 2. 0m          D. 2. 5m

(4) 填方坡顶与建筑物的最小距离为 [    ]。

A. 2. 0m          B. 3. 0m          C. 4. 0m          D. 5. 0m

2. 绘出拟建建筑物的最大可建地范围，用图例 ⬚ 表示；并注出相关尺寸。

【答案】

1. 作图答案见图 2.2.5-2。

2. 问题答案：

(1) D      (2) A      (3) C      (4) B

【提示】

1. 确认挖方和填方边坡位置：

该用地的北侧为挖方边坡，南侧为填方边坡。

2. 边坡与建筑物的最小间距：

《城市用地竖向规划规范》CJJ 83—1999 第 5.0.3 条规定：挡土墙、护坡与建筑的最小间距应符合下列规定：高度大于 2m 的挡土墙和护坡的上缘与建筑间水平距离不应小于 3m，其下缘与建筑间的水平距离不应小于 2m。

3. 建筑物最大可建建筑范围的变化点：

在自然地形等高线 26m 与 30m 的范围内，应该可以不退边坡。所以，在自然地形的 26m 等高线与台地边线的交点处，向用地内部做水平的线段，来确定可建范围的变化点。

根据上述因素综合确定的可建范围线见图 2.2.5-2。

图 2.2.5-2

【评析】

1. 难度适中 ★★★☆☆。

2. 护坡坡顶退 3m 和坡底退 2m 为可建范围，一般不会错，关键更要知道护坡高度 ≤2m 时可不退建。现已知台地标高为 28.0m，故退建区应分别止于 30.0m 和 26.0m 等高线与台地边线的交点，否则很容易误将两个退建区相接于填挖方零点处。

■ 场地分析例题 2.2.6

【试题】

一、设计条件

1. 欲在临溪的坡地上建别墅一座。规定不得采用台地式处理地面，以免破坏自然地形和现有树林（图 2.2.6-1）。

2. 距小溪中心线 12m 范围内，也不得布置建筑物。

二、任务要求

1. 绘图要求

绘出可建用地的范围（用竖向细实线填充）。

2. 回答问题

（1）当自然坡度大于 [　　] % 时，居住区地面的连接形式宜采用台地式。

图 2.2.6-1

A. 6            B. 8           C. 10

（2）关于等高线的下列说法，[    ] 项是错误的。

A. 同一条等高线上的标高都是相同的

B. 等高线间距与地面坡度成反比

C. 在任何情况下同一张地形图上的等高线间距都是相同的

【答案】

1. 绘图答案见图 2.2.6-2。

2. 问题答案：（1）B     （2）C

图 2.2.6-2

【考核点】

1. 设计地面形式的选择；

2. 等高线间距、等高距与坡度的关系。

【提示】

1. 根据《城市居住区规划设计规范》第9.0.3条，"当自然坡度大于8%，居住区地面连接的形式宜选用台地式"，故别墅应建于自然地面坡度≤8%的范围内。已知等高距为1m，则相应的等高线间距为1m÷8% = 12.5m。

2. 由于58.0m等高线呈半闭合状，故在其围合的区域内为平地，均为可建用地。再以12.5m线段度量其他等高线间距，可在58.0m和57.0m之间求得三处坡度变更线（求法见图2.2.2-3），则≤8%坡度的可建用地范围也即可知。其中58.0m等高线左侧地带，上下两条57.0m之间也为平地。

3. 距小溪中心线12m画其保护范围线（画法见图2.2.1-3），则可得最终的可建用地范围。其中不可忘画小溪保护范围线上端与现有树林的可建用地。

【评析】

1. 难度适中 ★★★☆☆。

2. 本题与例题2.2.1（1992年美国注册建筑师资格考试试题）基本相同，并无新意。

3. 原题为〈注册网编作图〉例题3-22，无答案，且命题不够确切。因此，本题有所修改，以保证命题的正确性，并降低难度。

■ 场地分析试题Ⅱ.2.97和Ⅱ.2.07（详见第Ⅱ篇第2章）

# 第3章 场地地形

"场地地形"与"场地剖面"同属于竖向设计范围,但"场地地形"试题仅在场地平面图上进行解答。

多数的"场地地形"试题是根据有关规范和规定,对给出的场地现状平面,通过调整等高线、设置护坡、挡土墙、排水沟等,使场地满足坡度、标高、排水以及使用上的要求;此外,还有些试题要求对道路、广场、水渠等的坡度变化用等高线进行表达;再有,则是在坡地上选择最佳路径。至今尚未见土方平衡类的试题。

不论上述何类试题,对等高线基本概念的深入理解和熟练应用是解题的关键。为此,建议首先应掌握《建筑学场地设计》以下章节的内容,本章的例题即可迎刃而解!

1. 场地表达

1.1 等高线（1.1.1~1.1.4）；1.2 等高线表达（1.2.1~1.2.4）；1.3 地形地貌（1.3.1~1.3.5、1.3.8）；1.4 台地护坡（1.4.1~1.4.7）。

2. 场地调整

2.2 场地排水（2.2.2~2.2.5）；2.4 调整等高线（2.4.1~2.4.3）；2.8 防护工程（2.8.1~2.8.3）。

至于相关规范的规定以及道路直线段的等高线表示方法,可参见〈陈磊编指南〉第2章地形设计的第1、2节。

## 3.1 调整等高线

"调整等高线"系指对原有地面进行人工修整,用以形成满足使用要求的台地、边坡、水沟等。其特点是完成后仍呈现自然状态,人为痕迹较少。因此,多见于较易挖填的土质地面,其设计坡度不应大于不同土体的相应限值。

■ **场地地形例题 3.1.1**

本题也是1992年美国注册建筑师考试场地作图试题,并成为我国同类试题的原型。该题提供了优秀、及格和不及格三类样卷,颇有参考价值。

【试题】

一、设计条件

1. 原有地形等高线在图 3.1.1-1 中如虚线所示。

2. 北部的原有树林不得破坏。

3. 南面与他人场地相邻。

二、任务要求

修改等高线并用实线表示,新的地形应满足下列要求:

1. 停车场铺砌地面向外排除雨水的坡度为 2%。

2. 停车场铺砌地面的边缘应与相邻地面齐平。

3. 停车场和场地雨水的排除，不得流入南邻的他人场地内。

场地平面图

图 3.1.1-1

【优秀答案】

作图答案见图 3.1.1-2。

提示与评语：

1. 首先应明确：图中原等高线的等高距为 0.3m（1 英尺），欲使停车场地面形成 2% 的排水坡度，则修改后的新等高线间距应为 0.3m÷0.02＝15m（50 英尺）。

2. 为使停车场地面向外排水，应以其纵向轴线为"山脊线（分水线）"。此脊的最高点即为停车场入口处的已知标高 31.6m（100 英尺），从该点开始沿轴线向低方向每隔 15m（50 英尺）可画出新等高线在停车场内的控制点。相关的新等高线则以此点为底点呈向低方向凸出的凹线，从而形成双坡向外排水的地面。

3. 为满足不破坏原有树林和排水不得流入南邻场地的要求，新旧等高线自然应在南邻用地界线及树林内侧衔接。

4. 为使雨水不排入南邻场地和停车场内，在停车场两侧的新等高线应向高方向凸出，形成"山谷线（汇水线）"向东的排水通路。

5. 综合上述诸点，即可画出新的等高线。本答案则为较好的实例，只是停车场两侧的排水通路（山谷）画得有些过分，但并非错误。

场地平面图

图 3.1.1-2

【及格答案】

作图答案见图 3.1.1-3。

**评语：**

1. 本答案新旧等高线衔接点的位置，以及停车场两侧排水通路的表达均正确。尽管停车场内的地面仅为 2% 坡度的东向单坡，但仍是可以接受的。

2. 主要问题是：该答案没有考虑停车场入口处已给定的标高 31.6m（100 英尺），以致与 31.3m（99 英尺）新等高线之间无法形成 2% 的坡度，有违题意，故为及格答卷。

场地平面图

图 3.1.1-3

**【不及格答案（一）】**

作图答案见图 3.1.1-4。

评语：

1. 新旧等高线的衔接点、停车场两侧的排水通路均表达正确。

2. 停车场地面呈 2% 的双向坡度，新等高线考虑了入口处已给定的标高，且表达精确，证明考生对排水问题有较深的理解。

3. 可惜的是：由于 29.5m（93 英尺）等高线未进行修改，并与修改后的 29.8m（94 英尺）新等高线出现重合点，导致在该处形成 0.3m（1 英尺）深的跌落，对于停车场来说显然是不合理的，因此，本答案未能及格。

**【不及格答案（二）】**

作图答案见图 3.1.1-5。

评语：

该考生对等高线的含义及场地坡度缺乏基本概念，以致出现下述严重错误：

1. 停车场地面的新等高线间距不等，形状随意，并且未考虑入口处已给定的标高。因此，多处地段的坡度 > 2% 或 < 2%，也即地面凹凸不平，不符合停车场地面的使用要求。

2. 停车场两侧的新等高线向低方向凸出，形成山脊线（分水线），致使沿停车场边缘、林边、南邻地界线反而形成山谷线（汇水线），排水设计显然不合理。

北

场地平面图

图 3.1.1-4

北

场地平面图

图 3.1.1-5

44

■ 场地地形例题 **3.1.2**

【试题】

一、设计条件

在路边坡地上拟建景亭一座，其地面标高为 68.7m。用地范围及现状如图 3.1.2-1 所示。

图 3.1.2-1

二、任务要求

1. 调整等高线

（1）沿景亭四边外扩 2m 形成平台，其标高应低于景亭地面 0.3m。

（2）在平台的两侧形成流向城市道路的排水沟。

（3）车道形成 5% 的纵坡（不设道牙和横向坡度）。

（4）场地调整应在用地范围内实施，调整后的地面坡度不得 >20%，现有树木也不得破坏。

2. 回答问题

（1）车道的等高线间距为 [　　] m。

A. 4　　　　　　　　B. 5　　　　　　　　C. 6

（2）欲形成平台应调整〔　　〕m 等高线。

A. 68.1　　　　　　　B. 68.4　　　　　　　C. 68.7

（3）地面坡度为 20%时，其等高线间距为〔　　〕m。

A. 1.5　　　　　　　B. 2.0　　　　　　　C. 2.5

**【答案】**

1. 绘图答案见图 3.1.2-2。

图 3.1.2-2

2. 问题答案：（1）C　　　（2）B　　　（3）A

**【提示】**

1. 已知原有等高线的等高距为 0.3m，当车道纵坡为 5%时，其等高线间距应为 0.3m÷
5%=6.0m。由路口 67.2m 等高线向上按此间距即可画出 67.5、67.8 和 68.1 三根路面等
高线。因路面不设横坡，故三者均为水平直线。又因不设道牙无路缘高差，故可从各等高
线的两端向外延伸，形成流向城市道路的排水沟后，与原同名等高线相接。

2. 已知平台地面应低于景亭地面0.3m，故平台标高应为68.7m-0.3m＝68.4m。距景亭四边2m画68.4m等高线，并在东北和西北两侧折返与原68.4m等高线相接，即可形成平台及两侧的排水沟。再调整68.7m和69.0m两根等高线，以形成排水沟的顶部。

由于限定调整后的地面坡度应≤20%，故调整后的等高线间距均应≥1.5m（如平台南端处所示）。

同时所有调整后的等高线均应在现有树冠投影线之外，更不得超出用地界线。

【评析】

1. 难度适中 ★★★☆☆。

2. 本题与试题Ⅱ.3.96中调整观景台处的等高线极为相似，只是尚要求画出车道的等高线，并限定了地面与路面的坡度。

3. 原题出自美国试题，其0.3m等高距实为1英尺的折算值。我国在设计中多按5、2、1、0.5、0.2、0.1m取值。

■ **场地地形例题 3.1.3**（摘自《场地设计（作图）应试指南》）

【试题】

一、比例：见图3.1.3-1（单位：m）。

二、设计条件

如图3.1.3-1所示，在已有的斜坡上拟建一个坡度为2%的设计地面作为建设用地。所有挖方和填方的边坡坡度为1：2，设计等高距为1.0m。

图 3.1.3-1

三、任务要求

1. 回答问题：

（1）设计地面比地形高时为 [　　]，比其低时为 [　　]。

A. 填方、挖方　　　　　　　　　　B. 挖方、填方

（2）设计标高为 105.0m 的等高线与用地南侧边线的水平距离为 [　　]。

A. 1.3m　　　　B. 1.4m　　　　C. 1.5m　　　　D. 2.0m

（3）设计标高为 108.0m 的等高线与用地北侧边线的水平距离为 [　　]。

A. 2.2m　　　　B. 3.0m　　　　C. 4.0m　　　　D. 4.2m

（4）设计等高线与地形等高线衔接处为 [　　]。

A. 相交的直线　　　　　　　　　　B. 平顺的曲线

2. 画出所有拟建的等高线，并和原来的等高线连接起来。

【答案】

1. 问答题答案：

（1）A　　　　（2）B　　　　（3）D　　　　（4）B

2. 作图题答案见图 3.1.3-2。

【考核点】

1. 等高线间距与等高距；

2. 限定坡度的表达；

3. 挖方与填方。

【提示】

1. 计算用地北侧设计地面的标高

$$105.7 + 2\% \times 10.0 = 105.9\text{m}$$

2. 绘制填方边坡的等高线

用地南侧标高 105.7m，与 105.0m 设计等高线的高差是 0.7m，水平距离是 1.4m；105.0m 设计等高线与 104.0m 和 103.0m 设计等高线的高差均是 1.0m，水平距离均是 2.0m。

以用地西南角为圆心，1.4m 为半径画圆；再以用地西北角为圆心，1.8m 为半径画圆（注：用地西北角与 105.0m 等高线的高差为 0.9m，则水平距离为 1.8m）。这两个圆的切线，就是用地西侧标高为 105.0m 的等高线的倾斜方向。

在用地西南角，以不同的水平距离画同心圆，保留 1/4 的圆弧，以表示填方边坡的圆曲面。

找出每一条设计等高线和地形等高线标高相同的点，以此确定设计等高线的长度，并用曲线平顺地连接起来。

3. 绘制挖方边坡的等高线

用地北侧标高为 105.9m，与 106.0m 设计等高线的高差是 0.1m，水平距离是 0.2m；106.0m 设计等高线与 107.0m 和 108.0m 设计等高线的高差均是 1.0m，水平距离均是 2.0m。

在用地东北角，以不同的水平距离画同心圆，保留 1/4 的圆弧，以表示挖方边坡的圆曲面。

找出每一条设计等高线和地形等高线标高相同的点，以此确定设计等高线的长度，并用曲线平顺地连接起来。

该建设用地的设计等高线见图 3.1.3-2。

【评析】

1. 难度适中 ★★★☆☆。

2. 本题与上题观景台部分虽均为修坡，但有所区别：形成的台地本身要求有坡度；四周挖方或填方的修坡也限定了坡度；暂不考虑形成排水沟。考核点集中而明确。

3. 为便于对照理解，图 3.1.3-3 为用"简化截面法"绘出的护坡答案。因图3.1.3-1中未绘出 103m 和 109m 自然等高线，故 D、B 处护坡转角线的脚点和顶点均为近似解。

■ 场地地形试题Ⅱ.3.96 和Ⅱ.3.03（详见第Ⅱ篇第3章）

图 3.1.3-2

图 3.1.3-3a

图 3.1.3-3b

# 3.2 护坡和挡土墙

当设计地面与原有地面出现或高或低的高差时，则需要通过边坡进行过渡。为保证边坡的稳定，除其坡度应小于土体或岩石的限值外，还常采取防护和加固措施（如表面植被、喷抹、铺砌等），以防雨水冲刷，故称为护坡。

当一般的铺砌护坡不能满足防护要求或用地受限时，则宜设置挡土墙。

护坡类试题的最大难点在于：绘出护坡面与原有地面相交而成的护坡范围线。该作业已属于场地设计施工详图的范畴，对建筑师而言显然过深。

■ 场地地形例题 3.2.1

【试题】

一、设计条件

1. 某坡地平面和自然等高线（等高距为 5m），以及 1-1 处的竖向剖面如图 3.2.1-1 所示。

1-1剖面

图 3.2.1-1

2. 在坡地平面 A、B、C 三点所示的范围内，增填一个平面为直角三角形的平台。其台面标高为 130.0m，护坡的坡度为 1∶2。

二、任务要求

绘出平台护坡的等高线及护坡的范围线（护坡转角处采用圆锥形坡面连接）。

【答案】

绘图答案见图 3.2.1-2。

图 3.2.1-2

1. 等高距和等高线间距；
2. 护坡的范围线。

**【提示】**

1. 已知等高距为 5m，护坡坡度为 1∶2，故护坡的等高线间距为 5m×2＝10m。以此值为间距，平行平台的 AB、BC 边画出标高为 125.0、120.0、115.0 的护坡等高线，并标出与同名自然等高线的交点 $a_1$、$a_2$、$a_3$ 和 $c_1$、$c_2$、$c_3$。

2. 延长平台相互垂直的两边 AB 和 BC，与护坡等高线分别交于 $c_1{'}$、$c_2{'}$、$c_3{'}$ 和 $a_1{'}$、$a_2{'}$、$a_3{'}$。以 B 点为圆心，分别以 10m、20m、30m 为半径，画 1/4 圆弧连接 $a_1{'}c_1{'}$、$a_2{'}c_2{'}$、$a_3{'}c_3{'}$，则形成完整的护坡等高线 $a_1c_1$、$a_2c_2$、$a_3c_3$，并分别与同名自然等高线相连。

3. 在 1−1 剖面上作平面 B 点的投影点 $B_1$，以 $B_1$ 点为起点，以 1∶2 坡度画出平台护坡截面线 $B_1$Ⅳ，与自然地面截面线相交于 $b_1$ 点（护坡转角面脚点），向平面作投影与 1−1 剖面线相交于 b 点。连接 A $a_1a_2a_3bc_3c_2c_1$ C 则可得护坡范围线。

**【评析】**

1. 难度适中 ★ ★ ★ ☆ ☆。

2. 本题源自〈注册网编题解〉。但该题答案中护坡转角面脚点的求法不够直接和精确，故本书用截面法解之。如用简化截面法（详见附录一）解答，则答案如图 3.2.1−3 所示。

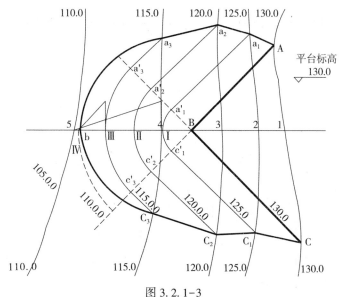

图 3.2.1−3

3. 若本题采用转角线做法，则也可用简化截面法直接在平面图上求得答案(图 3.2.1−4)。由于护坡转角线的脚点已在自然等高线 110.0 以下，而原题未提供自然等高线 105.0 的位置，故脚点 b 近似取护坡转角线上护坡等高线 110.0 与 105.0 的中点。

对比图 3.2.1−3 和图 3.2.1−4，再次得知：转角面做法的工程量和占地面积显然较小，故大型工程实例较多。

图 3.2.1-4

## ■ 场地地形例题 3.2.2

### 【试题】

一、设计条件

1. 在某坡地上拟建平坦台地一处（长×宽 = 16m×16m，设计标高为 50.0m），如图 3.2.2-1所示。

尺寸单位：m     1     5     10    (1:200)

图 3.2.2-1

2. 填方段砌筑挡土墙，挖方段砌筑护坡（坡度为 1∶1）。

二、任务要求

1. 绘出填方段挡土墙（不画厚度，仅用图例表示），以及挖方段护坡的等高线和护坡的范围线。

2. 回答问题：

（1）修改的最远等高线的标高为 [    ]。

A. 52.0m          B. 53.0m          C. 54.0m          D. 55.0m

（2）东侧填方段挡土墙的长度为 [    ]。

A. 6m          B. 7m          C. 8m          D. 9m

（3）西侧填方段挡土墙的长度为 [    ]。

A. 5m          B. 6m          C. 7m          D. 8m

【答案】

1. 绘图答案见图 3.2.2-2。

2. 问题答案：

（1）C          （2）C          （3）B

图 3.2.2-2

【考核点】

1. 挖填方护坡或挡土墙的变坡点；

2. 护坡等高线的表达；

3. 护坡的范围线。

【提示】

1. 因台地的设计标高为 50.0m，故挖填方护坡或挡土墙的变坡点位于台地东、西侧边缘与原地面 50.0m 等高线的相交处。据此，东、西侧挡土墙的长度可分别量得约为 8m 和 6m。

2. 因挖方护坡的坡度为 1：1，等高距为 1m，故可沿东、北、西三面，由台地边缘向外以 1m 的等高线间距依次画出标高为 51.0、52.0、53.0m 和 54.0m 的等高线，并与相应的原地面同值等高线相接，即可形成新的挖方段护坡的等高线。

3. 用截面法（详见《建筑学场地设计》P57）确定护坡阴角转折线与原地面线交点的位置（$A_1$ 和 $A_2$），则可绘出挖方护坡的范围线。

【评析】

1. 难度较大 ★★★★☆。

2. 护坡范围线的绘制已属于施工图设计制图的范畴，建筑师如未熟练掌握，很难在 30min 内完成此题。如采用"简化截面法"（详见附录一）则有可能，其答案如图3.2.2-3 所示。图中尚绘制了填方护坡，用以代替原题中的挡土墙，目的在于深入了解"简化截面法"。

图 3.2.2-3a

图 3.2.2-3*b*

■ 场地地形例题 **3.2.3**

【试题】

一、设计条件

1. 在某坡地上拟辟平坦用地一处（长×宽＝16m×16m，设计标高为 50.0m），地形现状如图 3.2.3-1 所示。

2. 在用地范围内，填方段应砌筑挡土墙，挖方段应砌筑护坡（坡度为 1：1）。

二、任务要求

1. 绘出填方段的挡土墙（不画厚度，仅用图例表示即可）。

2. 绘出挖方段护坡范围线（可不画护坡图例）。

【答案】

作图答案见图 3.2.3-3。

【考核点】

1. 挖、填方的变坡点；

2. 挡土墙图例；

3. 护坡的坡度及范围线。

【提示】

1. 因用地设计标高为 50.0m，故变坡点 E、F 分别为标高 50.0m 自然等高线与地界线

图 3.2.3-1

AD、BC 的交点。即可按规定图例沿 EDCF 地界线绘出填方段的挡土墙（图 3.2.3-3）。

2. 挖方段护坡的绘制较为复杂，详见图 3.2.3-2。

（1）*AB* 段护坡的绘制：假设 AE 和 BF 段为挡土墙，标示 53.0m 标高自然等高线与 AB 地界线的交点为 K。则可知 A、K、B 三点与设计标高之差分别为 4、3、2.5m，根据护坡坡度为 1∶1，由上述三点垂直 AB 地界线，向下以 4、3、2.5 分别量得各自的坡脚点 a″、k、b″，连接后即为 AB 段护坡的坡脚范围线。

（2）AE 和 BF 段护坡的绘制：假设 AB 段为挡土墙，标示相关自然等高线与 AE 和 BF 地界线的交点，依次为 G、H、J 和 L、M。同前所述，则可求得对应的坡脚点 g、h、j、a′ 和 b′、l、m。连接 Eghja′ 和 Fmlb′ 即为 AE 和 BF 段护坡的坡脚范围线。

（3）将绘出的 3 段坡脚范围线叠加（图 3.2.3-3），可得交点 N 和 P，连接 EghNkpmF 即为最终和完整的护坡范围线。连 AN 和 BP 则为护坡的阴角交线。

【评析】

1. 难度较大 ★★★★☆。

2. 本题与例题 3.2.2 的区别在于挖方区的护坡必须位于用地界线内。但其护坡范围线的绘制反而相对简单，只是原理和方法不易悟得。

3. 本题源自《场地设计（作图）应试指南》习题 2-10，但有所调整，以体现解法的普遍性。其护坡等高线的画法可见该书，此处不再重述。

4. 将挖方护坡限制在用地界地内，必然造成可建用地的不规则和面积减少，故在实际工程常酌情改作挡土墙。

▲ AB段护坡的绘制

▲ AE和BF段护坡的绘制

图 3.2.3-2

图 3.2.3-3

## ■ 场地地形例题 3.2.4

**【试题】**

一、设计条件

1. 现有三栋住宅，所在场地见图 3.2.4-1，其中建筑定位、室内外地面标高和路网数据均已知。

2. 拟修筑护坡和挡土墙，以形成台地。

图 3.2.4-1

二、任务要求

1. 绘图要求

在 A、B 两栋住宅间按图例补画护坡，以及沿路边补画挡土墙。二者的上缘或下缘与建筑物的距离应最小，并标注相关尺寸。

2. 回答问题

(1) 住宅 A、B 之间护坡的坡度为 [      ]。

A. 1：3　　　　B. 1：4

（2）沿干道挡土墙的临空侧朝向 ［　　］。

A. 道路　　　　　B. 台地

（3）沿次干道挡土墙的临空侧朝向 ［　　］。

A. 道路　　　　　B. 台地

（4）沿支路南段挡土墙的临空侧朝向 ［　　］。

A. 道路　　　　　B. 台地

（5）沿支路北段挡土墙的临空侧朝向 ［　　］。

A. 道路　　　　　B. 台地

【答案】

1. 绘图答案见图 3.2.4-2。

2. 问题答案：（1）B　　　（2）A　　　（3）A　　　（4）A　　　（5）B

图 3.2.4-2

【考核点】

1. 护坡及挡土墙的平面布置及其图例；

2. 护坡及挡土墙与建筑物的最小距离。

【提示】

1. 根据规范规定，住宅 A、B 之间护坡的上缘距住宅 A 南外墙 3m，下缘距住宅 B 北外墙 2m。其水平长度为 17m-3m-2m＝12m，上下台地高差为 103.00m-100.00m＝3.00m，则其坡度为 3：12＝1：4。

2. 干道、次干道和支路南段的路面标高均低于相邻台地的地面标高，且多大于 2m，故挡土墙的临空侧均朝向道路。其上缘应距住宅外墙 3m，恰与道路红线重合。

3. 支路北段的路面标高则高于相邻台地的地面标高，也多大于 2m，故挡土墙的临空侧朝向台地。其下缘距住宅外墙 2m，也恰与道路红线重合。

4. 支路南、北段的挡土墙均止于宅间路外口标高 99.65m 处。如该处标高仍为 100.00m，则挡土墙均应向东延伸至宅间路内口，且挡土墙临空侧均朝向宅间路。

【评析】

1. 难度不大 ★★☆☆☆。

2. 本题不要求画场地剖面，只需在平面图上确定护坡和挡土墙的位置，但仍能考查建筑师的空间概念以及识图能力。

3. 本题源自《民用建筑场地设计》图 8-6。主要是简化了图面和数据，以利突出考核内容。

■ **场地地形试题 Ⅱ.3.97、Ⅱ.3.98、Ⅱ.3.01、Ⅱ.3.06、Ⅱ.3.10 和 Ⅱ.3.14**（详见第Ⅱ篇第 3 章）

# 3.3  道路和水渠

本类试题主要是用等高线表达道路或水渠的坡度变化。最初的试题只要求画主路部分，其后则增加路肩、人行道和排水沟，形成多种"组合路面"，难度与题量令人却步。为此，特将绘制"组合路面"等高线的规律总结如附录三所示。建议先行熟习掌握，再解本节例题则易如反掌。

■ **场地地形例题 3.3.1**（摘自〈陈磊编指南〉）

【试题】

一、比例：见图 3.3.1-1（单位：m）。

二、设计条件

1. 拟建一条沥青混凝土道路，其宽度为 9.00m，路拱高度为 0.045m。北侧设宽度为 3.00m 的人行道，路缘石高度为 0.15m；南侧设宽度为 3.00m 的路肩。

2. 道路 A 点标高为 49.78m，B 点的标高为 49.55m。

3. 道路横断面设计条件如图 3.3.1-1 所示。

4. 设计等高距为 0.02m。

图 3.3.1-1

三、任务要求

1. 回答问题：

（1）沥青混凝土路面为 ［　　　］。

A. 刚性路面　　　　　　　　　　　　B. 柔性路面

（2）路肩的等高线与路面的等高线是 ［　　　］，人行道的等高线与路面的等高线是 ［　　　］。

　A. 不连续的、连续的　　　　　　　　B. 连续的、不连续的

（3）AB 段路面道路中心线处等高线的距离为 ［　　　］，BC 段路面道路中心线处等高线的距离为 ［　　　］。

　A. 1.50m 和 2.00m　　　　　　　　B. 1.50m 和 3.00m

　C. 1.33m 和 2.00m　　　　　　　　D. 1.20m 和 1.50m

（4）AB 段路肩和人行道的等高线的间距分别为 ［　　　］。

　A. 1.33m 和 1.33m　　　　　　　　B. 2.00m 和 2.00m

　C. 1.33m 和 2.00m　　　　　　　　D. 2.00m 和 1.33m

2. 绘出 A 点至 C 点长度内的道路、人行道和路肩的设计等高线。

【答案】

1. 作图答案如图 3.3.1-2 所示。

2. 回答问题：

（1）B　　　（2）B　　　（3）C　　　（4）A

【提示】

1. 绘制道路等高线

因为 B 点为变坡点，在 B 处作一条南北向的辅助线。

图 3.3.1-2

AB 段：

道路中心线处等高线间距 $L_1 = 0.02 \div 1.5\% = 1.33\text{m}$

因为道路路面的路拱高度为 0.045m，路面宽度为 9.00m，则相当于路面具有 1%的横坡：

道路边缘至拱顶同名等高线的水平距离 $L_2 = (9.0 \div 2 \times 1\%) \div 1.5\% = 3.00\text{m}$

BC 段：

道路中心线处等高线间距 $L_1 = 0.02 \div 1\% = 2.00\text{m}$

道路边缘至拱顶同名等高线的水平距离 $L_2 = (9.0 \div 2 \times 1\%) \div 1\% = 4.50\text{m}$

2. 绘制路肩（或人行道）等高线

AB 段：

路肩（或人行道）外缘线处等高线的间距 $L_3 = L_1 = 1.33\text{m}$

路肩（或人行道）内缘至外缘同名等高线的水平距离 $L_4$：

$$L_4 = (3.00 \times 2\%) \div 1.5\% = 4.00\text{m}$$

人行道至路面同名等高线的水平距离 $L_5 = 0.15 \div 1.5\% = 10.00\text{m}$

BC 段：

路肩（或人行道）外缘线处等高线的间距 $L_3 = L_1 = 2.00\text{m}$

路肩（或人行道）内缘至外缘同名等高线的水平距离 $L_4$：

$$L_4 = (3.00 \times 2\%) \div 1\% = 6.00\text{m}$$

人行道至路面同名等高线的水平距离 $L_5 = 0.15 \div 1\% = 15.00\text{m}$

3. 绘图注意

（1）等高线线型调整

沥青混凝土路面的路拱为抛物线，相应的等高线也是曲线。在图上定出 AB 段和 BC 段的 $L_1$ 和 $L_2$ 之后，应用平滑的曲线连接。路肩和人行道的等高线为直线，按 $L_3$ 和 $L_4$ 绘制。

（2）等高线向后倾斜的方向

各部分等高线向后倾斜的方向要根据纵坡和横坡来判断，使雨水能垂直于等高线往下方流动。路肩和人行道的等高线的方向相反，而且，人行道的标高要比道路边缘抬高 0.15m。

（3）变坡点处等高线的衔接

在变坡点 B 处，道路路面、路肩和人行道的等高线要平顺衔接。

（4）等高线的表示

等高线用细线表示，为便于识读，应间隔 4 根加粗一条等高线，并注出数值。

拟建沥青混凝土道路的设计等高线见图 3.3.1-2。

【评析】

1. 难度较大 ★★★★☆。

2. 本题不仅要求增绘路肩和人行道的相应等高线，而且道路又是纵向变坡的，致使工作量加倍，似无必要。

【试题】

一、比例：见图 3.3.2-1（单位：m）。

二、设计条件

1. 拟建一条排水渠，长度为 20.00m，顶宽为 4.00m，深度为 0.45m，排水渠平面如图 3.3.2-1 所示。

2. 排水渠底面 A 点设计标高为 108.55m，向两侧倾斜，纵坡度均为 3%。

3. 设计等高距为 0.10m。

三、任务要求

1. 回答问题：

（1）排水渠底部中心线设计标高为 108.50m 的等高线与 A 点的距离为 [    ]。

A. 1.50m             B. 1.67m             C. 2.00m             D. 1.80m

（2）设计标高为 108.40m 的等高线与 A 点的距离为 [    ]。

A. 4.50m             B. 5.00m             C. 5.50m             D. 3.33m

（3）排水渠中设计等高线数目为 [    ] 条。

A. 10                B. 16                C. 12                D. 14

（4）排水渠的设计等高线为 [    ]。

A. 相交的直线                      B. 平顺的曲线

2. 绘出给定长度内的排水渠的设计等高线。

【答案】

1. 作图答案见图 3.3.2-2。

2. 回答问题：

（1）B      （2）B      （3）D      （4）B

【提示】

1. 计算排水渠边缘 B 点设计标高

$$108.55 + 0.45 = 109.00\text{m}$$

2. 计算排水渠底部 C 点设计标高

$$108.55 - 10.00 \times 3\% = 108.25\text{m}$$

相应地，排水渠边缘 D 点设计标高为 108.70m。

3. 绘制 ABDC 内的等高线

在 AB 之间，有标高为 108.60、108.70、108.80m 和 108.90m 的等高线。

在 AC 之间，有标高为 108.50、108.40m 和 108.30m 的等高线。

在 BD 之间，有标高为 108.90、108.80m 和 108.70m 的等高线。

在 DC 之间，有标高为 108.70、108.60、108.50、108.40m 和 108.30m 的等高线。

图 3.3.2−1

图 3.3.2-2

4. 确定各条等高线的位置

按比例确定各条等高线的位置，如 AB 之间，108.55m 与 108.60m 的水平距离 $x = 2.00 \times 0.05 \div 0.45 = 0.22m$；其余等高线的水平距离 $x = (2.00 - 0.22) \div 4 = 0.45m$。再如 AC 之间，108.55m 与 108.50m 或（108.30m 与 108.25m）的水平距离 $y = 0.05 \div 3\% = 1.67m$；其余等高线的水平距离 $y = 0.1 \div 3\% = 3.33m$。

据此，可以求出其他各条等高线的位置，如图 3.3.2-2 所示。

5. 连接等高线

用平顺的线条，把标高相等的点连接起来，即为排水渠的设计等高线。

【评析】

1. 难度较大 ★★★★☆。

2. 各等高线定位计算的原理并不复杂，但给出的多个数值有些零碎，造成具体运算繁琐，很难在限时完成和无错。

■ 场地地形试题 Ⅱ.3.99、Ⅱ.3.04 和 Ⅱ.3.05（详见第 Ⅱ 篇第 3 章）


# 3.4　路径选择

关于坡地上选择最短路径的论述，可详见《建筑学场地设计》第 1.2.4 节。由于可有多个数学解答，故必须结合实际，同时给出其他条件（如不占农田、保留树木、避让灾害等），才能有唯一的正确答案。

■ 场地地形例题 3.4.1

【试题】

1. 拟在湖岸码头（A）与坡顶古楼（B）间修建人行步道（坡度≤5%），应避开古树群和塌方区，且路径最短。

2. 环境现状如图 3.4.1-1 所示。

【答案】

如图 3.4.1-2 所示。

【提示】

1. 已知地形等高距为 0.5m，欲路径最短，应尽可能使坡度为限值 5%，其等高线间距则为 0.5m ÷ 5% = 10m。

2. 以 A 点为圆心、10m 为半径画弧，与 10.5m 等高线交于 a 和 a′，但 a′ 偏离走向，故保留 a 点。

以 a 点为圆心、10m 为半径画弧，与 11.0m 等高线相切于 b 点。

与 b 点为圆心、10m 为半径画弧，与 11.5m 等高线交于 c 和 c′，但 c′ 位于古树群内，故保留 c 点。

以 c 点为圆心 10m 为半径画弧，与 12.0m 等高线无交点，故知 c 点与 12.0m 等高线上任意点连线的坡度均<5%。

古楼

13.5

13.0

B

塌

方

区

古

12.5

12.0

木

11.5

11.0

10.5

A

码头

10.0
9.5
9.0

湖 面

0  5  10m

图 3.4.1-1

3. 改由以 B 点为圆心、10m 为半径画弧，与 12.5m 等高线交于 d 和 d′，但 d′位于古树群内，故保留 d 点。

以 d 点为圆心、10m 为半径画弧，与 12.0m 等高线交于 e 和 e′，但 e′位于塌方区内，故保留 e 点。

4. 连接 AabcedB 各点，则得人行步道的最短路径。

【评析】

1. 难度适中 ★★★☆☆。

2. 本题系参考《建筑学场地设计》例 1.2.6 编绘，主要是简化数据和降低难度，以保证可在限时内完成。但仍包括选择路径时可能出现的三种情况（图 3.4.1-3），使考生心中有数，临阵不慌。

■ 场地地形试题Ⅱ.3.00（详见第Ⅱ篇第 3 章）

图 3.4.1-2

图 3.4.1-3

# 3.5  建筑四周的排水

场地排水系指通过调整场地坡度和坡向，将雨水排向管道或沟河。该系统多与城市和场地内的道路相匹配，大型者较为复杂，也非建筑专业的设计内容。但在由路网围合的地块内，仅布置有限的建筑、绿地、广场、停车场等，其雨水的排除则相对简单，特别是建筑四周的排水，与建筑单体关系密切，建筑师理应掌握。

建筑四周排水的目的在于：避免建筑基础受水侵蚀和近地部位受水冲刷。因此，建筑散水的标高应高于四周，使地面形成向外的缓坡，其允许值为 0.5% ~ 6%，常用值为 1% ~ 3%，首选值为 2%。

当用地范围角点的标高和排水点的位置确定后，即可在限定的地面坡度内，推算出建筑散水的标高（进而也可确定室内地面±0.00 的标高）；反之，也可依据设定的散水标高，对用地范围角点标高和排水点的位置进行必要的调整。

欲深入理解可参见《建筑学场地设计》第 2.2 节。相似例题可参见《场地设计作图》4.2.3 竖向作图实例之三。

■ **场地地形例题 3.5.1**

【试题】

一、设计条件

某建筑用地三面围墙一面为护坡，有路通向街道，雨水排向水沟。已知围墙及散水角点标高，如图 3.5.1-1 所示。

二、任务要求

在三份空白图中，分别用箭头法、坡面法和等高线法（等高距 0.1m）表示上述场地的竖向排水设计（不含道路部分）。

【答案】

如图 3.5.1-2 ~ 图 3.5.1-4 所示。

【考核点】

建筑四周场地排水设计的表达方法。

【提示】

1. 建筑散水标高系指其坡脚处。

2. 在坡面法及等高线法中，同一条 10.40 标高点连线，其概念各异：前者是坡面的转折线，后者是等高线。

3. 在等高线法中，围墙 10.40 和散水 10.35 两个标高点与 10.20 围墙标高点之间应有 10.30 标高等高线点，可用插入法求得。

4. 图形对称，先求一侧，另侧即可镜像画出。

【评析】

1. 难度适中★★★☆☆。

2. 有的书中尚增加有"标高法"，即只标注各角点的标高（类似图 3.5.1-1），其坡向表达更不明显。其实在任何表达图中，标高都是不可缺少的，单列为一类似无必要。

图 3.5.1-1

图 3.5.1-2（箭头法）

图 3.5.1-3（坡面法）

图 3.5.1-4（等高线法）

## ■ 场地地形例题 3.5.2

【试题】

一、设计条件

1. 某建筑用地四面围墙，有路通向街道，雨水排向一角，围墙及散水各角点标高均已知。

2. 用坡面法表达该建筑四周的场地排水设计如图 3.5.2-1 所示。

图 3.5.2-1（坡面法）

二、任务要求

在空白图内用等高线法（等高距 0.1m）表达上述设计（道路部分除外）。

【答案】

见图 3.5.2-2。

【考核点】

1. 坡面法与等高线法的不同概念。

2. 已知标高画等高线。

图 3.5.2-2（等高线法）

【提示】

1. 围墙和散水各角点的标高均不是等高距 0.1m 的倍数，故应用插入法在围墙线和散水线上，求出 10.10、10.20、10.30 和 10.40 等高线标高点。

2. 如上述同名等高线标高点不在同一坡面范围内时，应在坡面转折线上也用插入法求出相应的标高点。

3. 连接上述同名等高线标高点，即可绘得等高线。

【评析】

1. 难度适中★★★☆☆。

2. 坡面法中也可加画箭头，以使坡向更趋明显。

3. 本题围墙（或地界）和散水各角点的标高均不同，且向一角排水，故等高线的绘制较为复杂。

■ 场地地形例题 3.5.3

【试题】

一、设计条件

1. 某建筑用地四面围墙，有路通向街道，雨水排向临街两角，围墙及散水各角点标

76

高均已知。

2. 用箭头法表达该建筑四周的场地排水设计如图 3.5.3-1 所示。

图 3.5.3-1（箭头法）

二、任务要求

在空白图内用等高线法（等高距 0.1m）表达上述设计（道路部分除外）。

【答案】

见图 3.5.3-2。

【考核点】

1. 箭头法与等高线法的不同概念。

2. 已知标高画等高线。

【提示】

同例题 3.5.2。

【评析】

1. 难度较大★★★★☆。

2. 建筑散水各角点标高相同，但围墙（或地界）角点标高不同，且向临街两角排水，此种情况最常见，故应熟习。

图 3.5.3-2（等高线法）

# 3.6 测量坐标网及其他

■ 场地地形例题 3.6.1

【试题】

一、设计条件

1. 设用地呈矩形，四角坐标已知，如图 3.6.1-1 所示。

2. 已知 tg30° = 0.577，tg45° = 1.000，tg60° = 1.732，sin30° = 0.500，sin60° = 0.707，sin60° = 0.866。

二、任务要求

1. 以 C 点为原点，绘出和注明测量坐标网的 X 轴和 Y 轴、地界线 AC 与南北方向的夹角值、指北针，以及用地的边长。

2. 回答问题

（1）测量坐标网的 X 轴应为 〔    〕方向。

A. 南北　　　　　　　B. 东西　　　　　　　C. 任意

（2）地界线 AC 与南北方向的夹角为 〔    〕。

A. 30°　　　　　　　B. 45°　　　　　　　C. 60°

（3）用地的边长尺寸为 〔    〕。

A. 30m 与 15m　　　B. 40m 与 20m　　　C. 50m 与 25m

图 3.6.1-1

(4) 用地的纵下方朝向 〔    〕。

A. 西北            B. 东南            C. 西南

【考核点】

测量坐标网的概念及应用。

【答案及提示】

1. 作图答案及提示见图 3.6.1-2 和图 3.6.1-3。

2. 问题答案：(1) A      (2) A      (3) A      (4) B

【评析】

1. 难度适中★★★☆☆。

2. 本题改编自〈陈磊编指南〉例题的部分内容，原题尚包括绘制等高线和可建范围线等考核点，重点不够突出。参阅时应注意：测量坐标网 $X$ 轴与 $Y$ 轴的方向应与数学坐标轴相反，在该书的答案中恰有此疏忽。

3. 尽管用计算机设计制图时，根据测量坐标值即可自动得知相关的长度和角度，但建筑师仍应掌握其基本原理，这也是本题重点考查的初衷。

■ **场地地形试题Ⅱ.3.07~Ⅱ.3.09 和Ⅱ.3.11~Ⅱ.3.13**（详见第Ⅱ篇第3章）

$X=10034.641$
$Y=9980.000$

20.000

$X=10044.641$
$Y=9997.321$

A

B

40.000

40.000

用地红线

30°

C

20.000

D

$X=10000.00$
$Y=10000.00$

$X=10010.000$
$Y=10017.321$

尺寸单位:m

图 3.6.1-2

图 3.6.1-3 （①～⑦为计算步骤）

# 第4章 场地剖面

"场地剖面"试题是根据已知的场地平面图或断面图，按设计要求确定或调整建（构）筑物、建筑用地、道路、护坡（挡土墙）、排水沟的位置和标高，从而绘出正确的场地剖面图，并在平面图上相应表达。其中以坡地上的"场地剖面"最为典型。

典型的"场地剖面"与"场地地形"同属竖向设计范畴，故相关的基本知识和规范规定的学习资料，均同第3章所列。平地上的"场地剖面"试题因与"场地分析"同源，故可参见第2章所列。

## 4.1 平地的场地剖面

本类试题是在平地上，根据限制条件画出场地上空竖向最大可建范围线，或者确定建（构）筑物的合理位置，而无需调整地形，故颇与"场地分析"试题相似，只是各自在平面和竖向上作答罢了。

例题4.1.1是最早出现的此类试题，其后则"模拟"不断，且日趋繁杂。

■ 场地剖面例题4.1.1

【试题】

一、设计条件

1. 在已建办公楼与商住楼之间有一块平坦场地，其剖面如图4.1.1-1所示。

图 4.1.1-1

2. 在该场地内欲增建板式宿舍楼一栋（进深12m），以及地下车库人行口一栋（长×宽×高=6m×6m×3m）

3. 已建和拟建建筑的耐火等级均不小于二级。相对的外墙上均开窗，且均为平屋面。

4. 当地日照间距系数为 1.5，所有建筑均为正南北向布置。

5. 已有纪念柱的保护距离为 20m。

二、任务要求

1. 在已知的剖面图上，绘出宿舍楼的位置与高度，以及地下车库人行口的位置（应与商住楼最近）。

2. 绘出日照线、标注相关尺寸和计算数据。

3. 回答问题

（1）宿舍楼与办公楼的间距为 [          ]。

A. 36m          B. 40m          C. 44m

（2）宿舍楼的高度为 [          ]。

A. 30m          B. 39m          C. 41.7m

（3）地下车库人行口与商住楼的距离为 [          ]。

A. 6m          B. 9m          C. 13m

【答案】

1. 绘图答案见图 4.1.1-2。

2. 问题答案：（1）B          （2）B          （3）B

图 4.1.1-2

【提示】

1. 宿舍楼与办公楼的日照间距为 24m×1.5＝36m，此值小于纪念碑的保护范围 20m×2＝40m。故两楼的间距应为 40m。

2. 由此可知宿舍楼与商住楼的间距为：97m-40m-12m＝45m。

3. 宿舍楼的最大可建高度应满足商住楼内住宅的日照要求。故为：45m÷1.5＋9m＝39m。

4. 地下车库人行口与商住楼的最小距离，应按高层与多层建筑之间的防火间距控制，故为 9m。

【评析】

1. 本题的考核点为：日照间距、防火间距和文物保护距离。

2. 易错处为：

（1）如将宿舍楼与办公楼的最小距离误取为日照间距 36m，则该楼与商住楼的间距加大，其高度也必错。

（2）如未考虑商住楼的商业裙房无日照要求，则宿舍楼的高度也将错答。

■ 场地剖面试题Ⅱ.4.99、Ⅱ.4.00、Ⅱ.4.04~Ⅱ.4.06、Ⅱ.4.08、Ⅱ.4.10~Ⅱ.4.12 和Ⅱ.4.14（详见第Ⅱ篇第4章）

## 4.2  坡地的场地剖面

此类试题多要求根据已知的场地平面画出地形剖面，然后在限定的条件下，调整为设计地面和布置建（构）筑物等。

■ **场地剖面例题 4.2.1**（摘自〈任乃鑫编模拟题〉）

【试题】

一、设计条件

有两块建设用地 A 和 B，如图 4.2.1-1 所示。

1. 道路红线、用地界线后退应符合下列要求：

（1）城市主干路 15m；

（2）城市次干路 10m；

（3）东侧、北侧均距界线 5m。

2. 高度控制

A 地段建筑高度不得高于绝对标高 160m。在城市主干路中心绝对标高 105m 处，受 45°角的视觉控制线限制。

B 地段建筑限高为绝对标高 150m。

3. 场地所在区域日照间距系数为 1。

二、设计任务

1. 在场地平面上标出可建建筑的区域。

2. 在 A-A 剖面上，用网线标出可建建筑的最大空间范围（为满足日照间距要求，建筑剖面可做切角处理）。

【答案】

见图 4.2.1-2。

【提示】

1. 画平面可建范围线：根据已给剖面上的尺寸，可投影画出南、北侧及 A、B 地块间的可建范围线；根据已给设计条件可画出东、西侧的可建范围线。

2. 作 A-A 场地地表剖面：即在 A-A 剖线处根据每一地形等高线的水平间距和标高分别做垂线相交。将各地形等高线的垂线交点折线连接，则构成了 A-A 场地地表剖面。

3. 根据限高确定 A、B 地块内建筑的最大高度；根据退线要求确定出 A 地块北侧和 B 地块南侧在 A-A 剖面上的可建范围线；再根据 45°角的视觉控制线，画出 B 地块临城市主

场地平面 1:1000

A-A剖面 1:1000

图 4.2.1-1

干路一侧在 A-A 剖面上的可建范围线（切角）。

4. 在 A、B 两地块间，画出相对的垂直可建范围线（已知相距 20m）；再根据日照间距要求画出 B 地块左上方的切角线。

【评析】

1. 难度适中 ★★★☆☆。

2. 本题与平地上的"场地剖面"试题基本相同，也是画出场地上空竖向最大可建范围线，但主要是增加了根据平面上的等高线绘制坡地剖面的内容。

场地平面 1:1000

A-A剖面 1:1000

图 4.2.1-2

■ **场地剖面例题 4.2.2**（摘自〈陈磊编作图〉）

【试题】

一、比例：见图 4.2.2-1（单位：m）。

二、设计条件

在某旅游开发场地上，拟在湖岸山坡上修建必要的公用设施，建筑物室内外高差为 0.3m，矩形排水沟底宽为 0.4m，场地剖面如图 4.2.2-1 所示。东西宽约76m，山坡地形高差约18m，场地中已有树木须保留。修建的公用设施有：船坞、公园办公及宿舍综合楼、综合楼前的休息平台。设计要求如下：

图 4.2.2-1

1. 所修建的公用设施应在所提供场地范围内进行；

2. 船坞用房地坪高于湖面 4m 且后退岸线 8m；

3. 建筑控制线后退用地界线 10m；

4. 挖方边坡的坡度为 1∶1，填方边坡的坡度为 1∶2；

5. 不允许设挡土墙；

6. 标注建筑物室内±0.00 标高。

三、任务要求

1. 回答问题：

（1）船坞的室外地坪标高为 ［　　　］。

A. 4.0m　　　　　B. 4.5m　　　　　C. 5.0m　　　　　D. 6.0m

（2）休息平台的设计标高为 ［　　　］。

A. 13.0m　　　　　B. 13.5m　　　　　C. 14.0m　　　　　D. 14.5m

（3）综合楼的室外地坪标高为 ［　　　］。

A. 14.8m　　　　　B. 15.0m　　　　　C. 15.4m　　　　　D. 16.0m

（4）保留树木处的地形标高为 ［　　　］。

A. 11.5m　　　　　B. 11.8m　　　　　C. 12.0m　　　　　D. 13.0m

2. 根据已知的场地条件与设计要求，将所修建的公用设施表示在场地剖面中。

**【答案】**

1. 作图答案见图4.2.2-2。

图4.2.2-2

2. 回答问题：
（1）D　　　（2）B　　　（3）B　　　（4）B

**【提示】**

1. 确定建筑控制线

左侧建筑控制线后退用地界线10m，右侧建筑控制线后退岸线8m。

2. 确定场地设计标高

挡土墙、护坡与建筑的最小间距应符合下列规定：高度大于2m的挡土墙和护坡的上缘与建筑间水平距离不应小于3m，其下缘与建筑间的水平距离不应小于2m。

船坞的地面设计标高应高出湖面4.0m，其右侧设计地面为填方，坡长为4m×2＝8m，坡顶至船坞的距离为3.0m；左侧设计地面为挖方，坡脚距离船坞2.0m，并设一条宽度为0.4m的矩形排水沟；以综合楼右侧设计地面与自然地形的交点为依据，确定综合楼的地面设计标高定为15.0m，使其全部挖方，以保证场地总的土方量可以大致平衡。其左侧边坡距离综合楼2.0m，并设一条宽度为0.4m的矩形排水沟；在综合楼和现有树木之间布置休息平台，其地面设计标高为13.5m，与综合楼的高差为1.5m。

现有树木的保护范围以树冠垂直投影为准，绘出两侧的边坡后，确认现有树木的地面没有被平整。

【评析】

1. 难度适中 ★★★☆☆。

2. 应在给出的地形剖面中注出必要的尺寸和标高值，以及其他制约条件，否则很难推导出与答案要求完全一样的标高值（如综合楼和休息平台处）。

■ 场地剖面例题 4.2.3（摘自〈任乃鑫模拟题〉）

【试题】

一、设计条件

某坡地拟建一幢小型办公楼及其附属设施，如图 4.2.3-1 所示。

场地内应布置：防风林、水塔、观景台及所拟建办公楼。场地开发应符合下列要求：

1. 建、构筑物的顶面限高低于绝对标高 45m；

2. 建、构筑物后退基地界线 5m；

3. 场地地面排水顺地势，但不得冲浸建、构筑物等；

4. 有利供水、观景等布置和自然地形的保持；

5. 节省工程造价。

二、设计任务

根据已知的场地剖面，选定拟建项目的合理位置、调整场地地表，并绘出新的场地剖面图。

【答案】见图 4.2.3-2。

【提示】

1. 从分析场地现状的地表、地势和地下岩石等入手。

2. 从地势利用上考虑：

(1) 供水宜按重力流，且水塔的最低点的标高应高于办公楼二层标高 2m。

(2) 观景台的视觉空间宜广阔，且环境宜人。

3. 冬季风要求防风林在南侧。

4. 拟建办公楼置于场地中部，且地势较平缓。

5. 从岩石的埋深上看，建、构筑物都置于埋置较浅处，有利于基础支撑。

6. 根据限高和场地地表高度现状等，先合理确定水塔的位置和标高，再由此向南按上述各点考虑依次布置其他项目。

7. 场地地面排水应顺山势由北向南，但在建、构筑物迎坡侧要做反坡，以防地表排水的顺山势的冲浸，反坡宜短而坡度宜大。

【评析】

1. 难度适中 ★★★☆☆。

2. 对本题提出如下修正建议：

(1) 防风林与观景台位置对换，为办公楼直接挡风。

(2) 水塔蓄水池位于塔顶，不必要求塔底高于办公楼二层楼板 2m。

■ 场地剖面试题Ⅱ.4.96~Ⅱ.4.98、Ⅱ.4.01、Ⅱ.4.07、Ⅱ.4.09 和Ⅱ.4.13（详见第Ⅱ篇第 4 章）

图4.2.3-1

图例

防风林　　水塔　　小型办公楼　　观景平台

冬季风

原等高线

岩石层

南侧场地地界线　　北侧场地地界线

（m）
50
45
40
35
30
25
20
15
10
5
0　10　20　30　40　50　60　70　80　90　100　110　120　130　140（m）

图 4.2.3-2

## 4.3 土方工程

土方工程主要是根据使用要求和地形现状，确定合理的地面设计标高，以便尽量做到土方量最小和就地平衡。其计算步骤和方法较为繁杂，已属于场地施工图设计的范畴，但建筑师仍应了解其基本原理并能识图。

■ **场地剖面例题 4.3.1**

【试题】

一、设计条件

某场地自然地面等高线如图 4.3.1-1 所示，并已知标高 100m 和 96m 两根设计等高线的位置。

图 4.3.1-1

二、任务要求

1. 补画设计等高线（等高距为 1m，坡度为 5%）及注出等高线间距值。

2. 画出填方区和挖方区的范围，并用 ⊕ 和 ⊖ 标示。

【答案】

见图 4.3.1-2。

【考核点】

1. 等高线间距与等高距及坡度的关系；

2. 填方区与挖方区的判断。

【提示】

1. 根据坡度 = 等高距÷等高线间距，可得设计地面的等高线间距为：1÷5% = 20m，据

图 4.3.1-2

此可补画出 99、98、97m 三根设计等高线。

2. 标出 100~96m 五根设计等高线与同名自然等高线的交点，依次连接相邻两点，可得填挖方零线，也即填挖方区的范围线。

3. 根据自然等高线凹凸的方向，可判断中部为山脊属挖方区，两侧为山谷属填方区，分别用 ⊕ 和 ⊖ 标示。

【评析】

1. 难度适中★★★☆☆。

2. 如对填挖方零线的概念和山脊、山谷等高线的形态很清楚，则解题易如反掌。

3. 本题系根据国外试题改编，其他辅导教材中也有相似者。

■ 场地剖面例题 4.3.2

【试题】

一、设计条件

图 4.3.2-1 为某场地上绘出的 2 块 30m×30m 的方格网，其角点编号、相应的设计标高与自然地面标高均已知。

二、任务要求

1. 计算和注写各角点处的填方或挖方施工高度。

2. 绘出填挖方的零线。

3. 分别用 ⊕ 和 ⊖ 标示填方区和挖方区。

图 4.3.2-1

**【答案】**

见图 4.3.2-2。

图 4.3.2-2

**【考核点】**

1. 用方格网法计算土方量时，角点标注的内容；

2. 填方与挖方零线的求法；

3. 填方区与挖方区的判断。

**【提示】**

1. 将各角点处的(施工高度)=(设计标高)−(自然地面标高)，且填方为(+)，挖方为(−)。

2. 当相邻的两个角点分别为填方和挖方时，在其相间的网格线上可求出填挖方零点的位置。

3. 连接同一方格网内的填挖方零点则可得填方与挖方的零线。

4. 根据该零线两侧角点处属于填方或挖方，即可标注相应的填方区为⊕或挖方区为⊖。

【评析】

1. 难度适中★★★☆☆。

2. 本题摘编自《场地设计（作图）应试指南》。原题尚有计算土方量和调整设计标高以达到土方平衡的内容，虽然更接近施工图深度，但对建筑师显然要求过高，作为试题更不可能在限时内完成。

3. 本题的重点在于如何求出填挖方的零线，从而判断填方区和挖方区。

■ 场地剖面例题 4.3.3

【试题】

一、设计条件

计算某场地土方量的方格网如图4.3.3-1所示。其中各角点的设计标高、自然地面标高、施工高度的绝对值、填挖方零线，以及各方格网内填方量与挖方量的绝对值均已知。

| 挖方（m³） | | | | | Σ |
|---|---|---|---|---|---|
| 填方（m³） | | | | | Σ |

图 4.3.3-1

二、任务要求

1. 标注各角点填方或挖方施工高度的（+）或（-）号。

2. 标注各方格网内填方量或挖方量的 (+) 或 (-) 号。

3. 计算并汇总填方与挖方的土方量，填入相应的表格内。

**【答案】**

见图4.3.3-2。

图4.3.3-2

| 挖方（m³） | 11.8 | 147.8 | 92.7 | 4.0 | Σ 256.3 |
|---|---|---|---|---|---|
| 填方（m³） | 240.5 | 100.5 | 35.7 | 53.3 | Σ 430.0 |

**【考核点】**

用方格网法计算土方量的形式与步骤。

**【提示】**

1. 角点处的设计标高大于自然地面标高，则应为填方，施工高度为 (+)；反之施工高度为 (-)。

2. 根据填挖方零线两侧角点属于填方或挖方，即可确定相应部位为填方区或挖方区，并标注该土方量的 (+) 或 (-) 号。

3. 将竖向各列的填方量与挖方量分别合计后填入汇总表内，再将表内各值横向相加，即得总的填方量与挖方量。

**【评析】**

1. 难度不大★★☆☆☆。

2. 本题的目的在于考查建筑师能否看懂土方计算图，并不要求进行具体的土方量计算，因后者已超出了一般建筑师的专业范围。

# 4.4 建筑室内外地面标高的确定

建筑室外地面标高系指散水坡脚处的标高。其值应高于四周地界或路面的标高，以便顺利排除雨水，否则应增建挡土墙、护坡和排水沟等工程设施。当建筑长度较大或分段组合时，散水的标高可为变值，以利顺应地形、减少工程量，并方便使用。

建筑室内地面（相对标高±0.00）的绝对标高值，应高于散水标高（标高为变值时，应根据最高值和入口处的数值确定）。其差值会因建筑的性质、功能、地形和地质条件，而有不同的限值。

为加深对本节内容的理解，建议同步学习本书第3.5节——建筑四周的排水。

**■ 场地剖面例题4.4.1**

【试题】

一、设计条件

1. 某住宅用地三面临路，道路交点（A和A'）标高、纵向坡度及坡向、断面尺寸及横向坡度等均已知，详见图4.4.1-1。

2. 场地平坦，地界各角点的标高均由道路标高确定。

3. 根据住宅单体设计，室内外地面高差为0.6m。

二、任务要求

1. 根据道路交点（A和A'）标高和相关的设计参数，推算地界各角点和道路中心线上对应点的标高。

2. 确定建筑散水标高（各角点相同，且为0.05m的倍数），形成的室外地面应坡向道路，以便排除雨水（用箭头表示坡向）。

3. 确定室内地面（±0.00）的绝对标高值。

4. 上述各值均填入图内的（　　）中。

【答案】

见图4.4.1-2。

【考核点】

1. 道路设计参数的概念；

2. 室内外地面标高的确定；

3. 用箭头法表达场地的竖向设计。

【提示】

1. 根据A点的标高及主路的纵向坡度，可推算出地界角点b在道路中心线上的对应点B的标高为：10.35-10×1%＝10.25m。由于道路的断面可知1/2车行道和人行道的宽度、坡度均相同，但坡向相反，故B点的标高（10.25m）+车行道路缘石高度（0.2m）＝地界角点b的标高（10.45m）。

因AD＝AB，且纵向坡度和坡向相同，故可知D和d的标高也分别为10.25m和10.45m。

图 4.4.1-1

2. 同理可算出 C 点的标高为 10.35−26×1% = 10.09m，地界角点 c 的标高为 10.09+0.2 = 10.29m。

3. 根据 A′点的标高、支路的纵向坡度及坡向，可算出 E 点的标高为10.07+6.0×1% = 10.13m。则地界角点 e 的标高为

$$10.13−2.0×2\%+0.2 \text{（路缘石高度）}$$
$$= 10.13−0.04+0.2$$
$$= 10.13 +0.16 = 10.29\text{m}。$$

同理可知 F 点的标高为 10.07−26.0×1% = 10.33m，地界角点 f 的标高为 10.33+0.16 = 10.49m。

4. 地界角点 f 的标高最高（10.49m），建筑散水的标高应大于此值，且为 0.05m 的倍数，故定为 10.50m。据此，用箭头画出室外地面的坡向。

图 4.4.1-2

5. 室内地面（±0.00）的绝对标高即为：10.50+0.6＝11.10m。

【评析】

1. 难度适中★★★☆☆。

2. 本题建筑用地内的竖向设计（建筑的室内外标高和室外地面排水），完全以相临道路的设计参数为依据，当场地平坦时极为常见。

3. 如用等高线法表示场地的坡度与坡向（等高距为 0.05m），则可更为直观（图 4.4.1-3），只是难度加大，限时内不易完成。从图中可以看出：散水西南角点至 10.45m 等高线（db 段）的坡度最小，约为 0.05m÷8m＝0.6%＞0.5%；而场地东南和西北角坡度最大，约为 0.05m÷2m＝2.5%＜6%；至于踏步前的地面坡度虽然<0.5%，但恰好满足出入口的要求，若因此而提高建筑散水标高，反而得不偿失。

图 4.4.1-3

### ■ 场地剖面例题 4.4.2

**【试题】**

一、设计条件

1. 某住宅区围墙与主路间补建住宅两栋，住宅室内外相对高差为 0.45m。

2. 初平后的场地地面标高，以及道路的相关设计参数均已给出，如图 4.4.2-1 所示。

二、任务要求

1. 确定两栋建筑散水的标高（四角相同，且应为 0.1m 的倍数），以及室内地面（±0.00）的绝对标高。

2. 用箭头法表示两栋住宅间室外地面的坡向，应使用雨水流向路面后排除。

3. 补注道路设计参数中（  ）内的数值。

**【答案】**

见图 4.4.2-2。

**【考核点】**

1. 确定建筑室内外地面的标高；

2. 用箭头法表达场地的竖向设计。

图 4.4.2-1

【提示】

1. 由于该场地初平后地面的坡向为西北高东南低，又规定建筑散水的四角标高相同，因此其标高不仅要考虑各自所在地面标高的最大值（11.55m 和 11.75m），还应高于北侧相临地面，以避免雨水冲刷，故应分别定为 11.60m 和 11.80m。

2. 已知住宅的室内外高差为 0.45m，则两栋住宅的室内地面（±0.00）应分别为 12.05m 和 12.25m。

3. 根据散水和已知路缘石（上表面）的标高，即可用箭头画出两栋住宅间地面的坡向。

4. 根据已知道路 AB 点间的坡长和坡度，可算出 B 点的标高；再根据道路 BC 点间的坡长和高差，则可算出其纵向坡度。

【评析】

1. 难度适中★★★☆☆。

2. 本题系根据《民用建筑场地设计》（赵晓光主编）例图 4-68 和图 4-76 改编而成。如用等高线法表示场地竖向设计则如图 4.4.2-3 所示（为降低难度，不要求绘制道路等高线）。

3. 散水标高要求为 0.1m 的倍数，是为统一答案所设，实际工程不受此限。

图 4. 4. 2-2

图 4.4.2-3

# 第5章 停 车 场

停车场系指停放汽车的露天场地和构筑物（如室外机械立体停车设施），是场地设计的内容之一。在场地作图试题中，多局限于采用垂直或平行停车方式的小型和微型汽车的露天停车场。原因是较为常见、绘图与计算也较简单，以利重点考查建筑师的设计能力。

有关停车场设计的一般基本知识和规范规定，建议阅读〈陈磊编指南〉第四章地面停车场和〈张清编作图题〉第3章停车场设计。《建筑学场地设计》第3章则有更详细的论述，可供深入理解。

十余年来，停车场试题的主要设计条件已基本定型。据此，本书结合相关规定，总结出停车场布置的基本模式和相关数据。以利迅速确定停车场出入口的数量，以及停车带和行车道的布局方式，其详细内容见附录二。如在解读本章例题前，先熟习所述"规律"必能势如破竹。

目前有关停车场设计的规范条文较多，且由于规范针对的主体、编制单位和年代各异，导致多有差别。因此，命题者宜在考题中明确采用的数值，以确保正确答案的唯一性。否则考生则难以适从，影响真实成绩。现将有关条文简明汇总如表5-1所列，可供参考，以便心中有数。

有关停车场设计的部分规范条文汇总（均为限值） 表5-1

| 规范名称 | 城市道路交通规划设计规范 | 城市道路工程设计规范 | 民用建筑设计通则 | 全国民用建筑工程设计技术措施（规划·建筑·景观） | 停车场规划设计规则（试行） | 汽车库、修车库、停车场设计防火规范 | 车库建筑设计规范（库址口） |
|---|---|---|---|---|---|---|---|
| 编制年代 | 1995 | 2012 | 2005 | 2009 | 1989 | 2014 | 2015 |
| 出入口数量（个） <50辆 | 1 | 1 | | 1 | 1 | 1 | 1 |
| 出入口数量（个） 50辆 | 2 | | | 1 | 1 | 1 | 1 |
| 出入口数量（个） 51~300辆 | 2 | ≥2 | — | 2 | 2 | ≥2 | 2 |
| 出入口数量（个） 301~500辆 | | | | 2 | 2 | | 2 |
| 出入口数量（个） >500辆 | | | | ≥3 | 3 | | 3 |
| 出入口与城市干道红线交点距离（m） | 50 | | 70（基地口） | 70（基地口） | 80 | — | 80 |
| 出入口距人行天桥距离（m） | | 50 | 5（基地口） | 30（基地口） | 50 | — | 50 |
| 出入口间距（m） | 20（>300辆） | 30 | — | — | 10 | 10 | 15 |
| 出入口宽度（m） | 7 | 7（双向）5（单向） | — | 7（>300辆） | 7 | — | ≥4 |

| 规范名称 | 城市道路交通规划设计规范 | 城市道路工程设计规范 | 民用建筑设计通则 | 全国民用建筑工程设计技术措施（规划·建筑·景观） | 停车场规划设计规则（试行） | 汽车库、修车库、停车场设计防火规范 | 汽车库建筑设计规范（库址口） |
|---|---|---|---|---|---|---|---|
| 编制年代 | 1995 | 2012 | 2005 | 2009 | 1989 | 2014 | 2015 |
| 场内坡道坡度（%） | — | — | — | — | 15（直线段）12（曲线段）>10设缓坡段 | — | 15（库内直线段）12（库内曲线段）>10设缓坡段 |
| 场外引道 坡度(%) | — | 7(广场引道) | 8(基地内) | 8（居住区内） | | | |
| 场外引道 设置缓坡 | — | >6%时(寒区) | — | | | | |

注：1. 画"—"处系该规范未涉及；空白处系未明确表述。
　　2. 历年试题中 50 辆停车场均按 1 个出入口设计。

# 5.1　停车场的选址和布置

本类试题首先要在给出的几处场址中选择合理者，然后在该址内再进行停车场的详细设计。选址的依据主要是：停车场宜设在次干道或支路上，且出入口与交叉路口或人行交通设施满足规定的距离。

## ■ 停车场例题 5.1.1

【试题】

一、设计条件

拟建一座城市停车场，其四邻现状、相关长度和已知设计标高见图 5.1.1-1。

二、任务要求

1. 绘图要求

（1）绘出用地界线内的设计等高线（等高距为 0.5m），以及根据规范限定的停车场地面的最大坡度，画出不可建用地的范围（用竖向细实线填充）。

（2）用▲标出距交叉路口最近出入口的位置。

2. 回答问题

（1）停车场地面的最大坡度为 ［　　］%。

A. 1　　　　　　　B. 2　　　　　　　C. 3

（2）停车场内的雨水排向 ［　　］。

A. 主干道和次干道

B. 主干道与环路

C. 主干道和公园

（3）距交叉路口最近的出入口共有 ［　　］ 处。

A. 2　　　　　　　B. 3　　　　　　　C. 4

图 5.1.1-1

【答案】

1. 绘图答案见图 5.1.1-2。

2. 问题答案：（1）B （2）A （3）B

【考核点】

1. 停车场地面的最大坡度；

2. 停车场出入口距干道交叉路口的最小距离；

3. 等高距、等高线间距及二者与地面坡度的关系。

【提示】

1. 已知场地四角（A、B、C、D）的设计标高，根据 AB、DC、DA 的标高差，用插入法求出其间等高距为 0.5m 的各点，连接同名的等高点，即得场地的等高线图。

2. 根据《全国民用建筑工程设计技术措施（建筑·规划）》第 3.2.2 条的规定，停车场地面的最大坡度为 2%。故当等高距为 0.5m 时，其等高线间距应为 0.5m÷2%＝25m。以 25m 度量绘出的等高线间距，可知东南角 53.0m 标高以上的地面坡度均>2%，应为不可建用地。

图 5.1.1-2

　　同理，在 52.5m 至 53.0m 标高间的东部地带，也为不可建用地（其分界线的求法见图 2.2.2-3）。

　　3. 根据规范规定：停车场出入口距相邻城市道路交叉口的距离应≤80m，由 A、B 两个交叉路口量起，可在主、次干道上共得 3 个最近的出入口位置。由于停车场临环路地带均为不可建用地，故 AD 间不可能设出入口。

　　【评析】

　　1. 难度适中 ★★★☆☆。

　　2. 本题源自《注册网编作图》（无答案），但有所修改。该题没有要求布置停车带和行车道，只要求宏观确定停车场地面的坡度、不可建区、出入口的可能位置，并同时考核了场地地形与场地分析的内容，不落俗套。否则题量过大，不能在限时内完成。

3. 关于停车场地面的坡度，《城市道路设计规范》第 11.2.10 条的规定为："与通道平行方向的最大值为 1%，与通道垂直方向为 3%"，为简化命题，故未采用。

另外：停车场出入口距城市交叉路口的最小距离，各规范的限值也不一致（见表 5-1），本题取其常用值。该距离均规定自道路红线交点算起，但止于出入口中心线，还是出入口边线，各规范均未明确。

■ **停车场试题Ⅱ.5.94、Ⅱ.5.97、Ⅱ.5.98 和Ⅱ.5.05**（详见第Ⅱ篇第 5 章）

## 5.2　停车场布置

如前所述，停车场试题的主要考核点是：出入口数量和位置、车位布置和数量、行车道的合理性等。此外，还可增加场地排水、残疾人车位、绿化布置、入场引道、土方平衡等附加考核点。但命题者有时把握不准，以致附加考核点过难，本末倒置、违背初衷。

■ **停车场例题 5.2.1**

【试题】
一、设计条件
1. 某超市各类出入口的分布及四周环境现状如图 5.2.1-1 所示。
2. 城市规划部门允许沿城市道路开设外部及内部车辆出入口各 1 个。
3. 外来顾客停车场应布置尽量多的车位（3m×6m，垂直停车），其中含 4 辆残疾车位（3m×6m，垂直停车，两辆车之间共用一条 1.5m 宽的轮椅通道，车后设 2m 宽通道）。超市出入口前设 6m 宽人行通路。
场内行车道应环通（与出入口同宽，均为 7m）。
4. 布置内部道路（兼消防车道）一条，连通二个车辆出入口。沿路布置职工停车位 5 辆（垂直停车）和卸货场（18m×18m）一处。
人流与车流不得交叉。
沿地界内侧和建筑物外墙设 ≥2m 的绿化带。现有树木均应保留。
二、任务要求
1. 布置顾客停车场，画出停车带（不必画车位线，注写车位数即可）、行车道、出入口和绿化带，标注相关尺寸和总车位数。
画出内部车行道，布置职工停车位和卸货场。
2. 回答问题：
（1）顾客停车场共停车 ［　　　］辆。
A. 45　　　　　　B. 49　　　　　　C. 52
（2）顾客停车场出入口距主、次干道交叉口 ［　　　］m。
A. 70　　　　　　B. 80　　　　　　C. 90
（3）内部车行道（兼消防车道）的宽度为 ［　　　］m。
A. 3　　　　　　B. 4　　　　　　C. 5

图 5.2.1-1

【答案】

1. 绘图答案见图 5.2.1-2。

2. 问题答案：（1）B　　　（2）B　　　（3）B

【考核点】

1. 停车场与建筑物的防火间距；

图 5.2.1-2

2. 停车场出入口距城市干道交叉口的最小距离；

3. 停车场停车带和行车道的布置，以及出入口数量与停车位数量的关系；

4. 消防车道的宽度及路边停车位的布置。

【提示】

1. 由于顾客次入口位于超市南侧，其外的空地较大，且临城市次干道，因此顾客停车场应位于该处。其出入口西缘应距主次干道交叉口80m，出入口宽7m，恰距用地东界2m，可为绿化带。

2. 停车场与建筑物的防火间距为6m，南界绿化带宽2m，则停车场南北宽度应为40m-6m-2m=32m，恰与3条停车带和2条行车道宽度之和相等（3×6m+2×7m=18m+14m=32m）。

因只允许开设1个出入口，故总停车位应≤50辆。据此，由东界向西依次布置绿化带、环通行车道和停车带至超市次入口处即应满足要求。其中残疾人车位应在北停车带内靠近顾客次入口。同时在次入口前取消2个车位，留出6m宽人行通路。最后可知总停车位为49辆。

若熟习附录二中关于≤50辆停车场布置的基本模式之一（32m×56m），则停车场的布置可一步到位（参见附图2-6）。

3. 内部车行道兼消防车道，故其宽度应为4m。该车辆出入口应位于场地的西北角，以便直通超市员工和货物入口。沿北界和东界2m平行画车行道，其西口距主次干道交叉口必然>80m，南口则与停车场相通。

在货物入口前将该路扩展为18m×18m的卸货场，在职工入口西侧扩宽为13m、长为15m的停车场，则可垂直停放5个车位。

【评析】

1. 难度适中 ★★★☆☆。

2. 关键在于迅速确定停车场的位置和出入口，并知道停车场与建筑物的防火间距，其他则无难度。

3. 要求保留现有树木，实际限定了停车场的界线。

■ **停车场例题 5.2.2**（摘自〈陈磊编指南〉）

【试题】

一、比例：见图5.2.2-1（单位：m）。

二、设计条件

某市拟建一个小汽车停车场，相邻的大型超级市场的耐火等级为一级、肯德基快餐店的耐火等级为二级，位置如图5.2.2-1所示。在进行停车场布置时应满足如下要求：

1. 要求停车位不少于140个，每个停车位的尺寸为3m×6m，停车方式均采用垂直方式，并应使人员顺利进入建筑物。其中残疾人停车位不少于4个，停车位尺寸同前，但一侧应设1.5m宽轮椅通道（也可两个车位共用一条轮椅通道）。

2. 通道需为环道，且宽度不小于7.0m。

3. 两车背靠背停车时，留出的绿化带应大于2.0m。

4. 用地西侧和南侧退至少3.0m作绿化带。

北

0        20m

大型超级市场                          3F

出口        入口

用地界线

2F

城市次干道

69

肯德基快餐店

12

道路红线

12        75        4

12

城市主干道

图 5.2.2-1

三、任务要求

1. 回答问题:

(1) 停车场出入口数目为 [      ] 个。

A. 1                B. 2                C. 3

(2) 入口距城市主干道交叉口道路红线交点的距离为 [      ]。

A. 70m            B. 75m            C. 80m            D. 85m

（3）停车场的停车数量为 ［　　］ 辆。

A. 160　　　　B. 164　　　　C. 166　　　　D. 168

2. 绘出停车场出入口。

3. 绘出停车场内各停车位（含无障碍停车位），标明其长、宽尺寸及停车数量（可不绘车位线）。

4. 停车场入口处设 5m×6m 的管理用房。

5. 用斜线标明绿化带位置。

**【答案】**

1. 作图答案见图 5.2.2-2。

图 5.2.2-2

2. 回答问题：

(1) B　　　(2) A　　　(3) D

【提示】

1. 出入口位置与数量

根据《城市道路交通规划设计规范》GB50220—95 第8.1.8.3条规定，停车位数量为 50~300辆以上时应设两个出入口。

《民用建筑设计通则》GB50352—2005 第4.1.5条规定：基地机动车出入口位置与大中城市主干道交叉口的距离，自道路红线交点量起不应小于70.0m。

《汽车库、修车库、停车场设计防火规范》GB50067—97 第4.2.1条规定：停车场与耐火等级为一二级的民用建筑的间距为6m。停车场从靠近建筑物的最近停车位置边缘算起。

由此，在城市主干道上布置了一个入口，在城市次干道上布置了一个出口，其布置满足上述规范的规定。

2. 停车坪布置

车辆停放方式采用垂直式。沿用地周边布置环形通道，在进行通道布置时，考虑到人员到超市购物的安全和手推车使用方便，应使停车带呈南北方向布置。停车位共分为9组，共设有168个停车位。在停车坪的适当位置设置分隔带，其宽度为 2.0m。与用地界线的最小距离为3.0m。尺寸标注在平面图中适当位置，见图 5.2.2-2。

【评析】

1. 难度适中 ★★★☆☆。

2. 停车场出入口与基地机动车出入口含义不同，前者与道路交叉口的距离应为80m，而非70m。

在主干道上开设了一个出入口，并不违规，因规范条文为"宜"。但在实际工程中，应避免将停车场布置在交叉路口的一角。

3. 易忽视之处为：停车带应呈南北方向布置，才能方便使用，并获得最大的停车位。

4. 少布置些停车位，省去一些绘图量又有何不可？

■ 停车场例题5.2.3

【试题】

一、设计条件

1. 某餐厅位于城市主、次干道交叉口处，该建筑及周围环境如图5.2.3-1所示。

2. 规划部门仅允许开设1个车辆出入口。

3. 现拟布置停车场，均采用垂直停车，车位尺寸3m×6m。行车道及出入口宽度均为 7m，可采用尽端式行车道，但应设盲端出车道（见图5.2.3-1）。

暂不设残疾人车位，但车位后端均布置2m宽人行道通至已建亭、廊。

沿用地界线内侧2m范围内为绿化带。

盲端出车道

图 5.2.3-1

二、任务要求

1. 布置顾客停车位 42 个和内部停车位 5 个，以及在内部入口外布置 15m×15m 的回车场。

2. 画出停车带、行车道、人行道、绿化带，并标注相关尺寸。可不画车位线，但应注明车位数。

【答案】

见图 5.2.3-2。

图 5.2.3-2

**【考核点】**

1. 停车场与建筑物的防火间距；

2. 停车场出入口与干道的最小距离；

3. 尽端式停车场的布置。

**【提示】**

1. 因只允许开设 1 个车辆出入口，故首先应考虑在次干道上设置。因沿次干道的用地边长 90m，故可满足停车场出入口距交叉路口 ≥80m 的规定。而沿主干道的用地边长仅 70m，故不可行。

2. 距用地南界和西界 2m，作 7m 宽 "L" 形行车道，于北端内部入口外扩大为 15m×15m 回车场，并在其下方沿行车道东侧布置 5 个内部停车位（北缘距餐厅 6m）。

3. 根据防火规范，停车场边缘距建筑物应 ≥6m，则顾客停车场横向停车带的长度为 70−(2+7)−(4+3.5+2+3.5)−6＝70−9−13−6＝42m，可停 42÷3＝14 个车位。

4. 同理，顾客停车场的竖向尺寸为 90−(8+4+15+21)−6＝90−48−6＝36m，恰好为 3 条停车带（3×6m＝18m）、2 条行车道（2×7m＝14m）及 1 条人行道和绿化带（2×2m＝4m）之和。

其中南停车带沿 "L" 形行车道北侧布置。北行车道的西端与 "L" 形行车道相通，供车辆进出；东端则设盲端回车道。

由此形成的三条停车带共可停车 3×14＝42 辆。

同时在北停车带上方和南、中停车带之间各设 2m 宽人行道，东端通至已建廊、亭。

**【评析】**

1. 难度适中 ★★★☆☆。

2. 本题的特点是：允许布置尽端式行车道。因此，虽然行车路程增大，并较迂回，但可使停车数量最大化。当然，如思路有误，仍难以达此目的。例如图 5.2.3-3 为尽端式

图 5.2.3-3

行车道呈竖向布置的方案，其行车路线较为顺畅，但仅有 36 个停车位，且人行道被盲端出车道截断，不够安全。显然弊大利小，并不可取。

3. 图 5.2.3-4 为行车道环通的方案，其行车路程短且颇顺畅，停车位达 41 个，只是主要人行道穿越出车口，极不安全。就本题的具体条件而言，仍不能视为最佳方案。

4. 应提醒的是，所谓停车场与建筑物的防火间距，系指建筑外墙皮至最近停车位边缘的距离。因此，行车道、盲端出车道和人行道仍可布置在该间距内，否则本题的所有解答均不成立。详见《汽车库、修车库、停车场设计防火规范》表 4.2.1 注③。

图 5.2.3-4

■ **停车场试题 Ⅱ.5.96、Ⅱ.5.99～Ⅱ.5.01、Ⅱ.5.03、Ⅱ.5.04、Ⅱ.5.06～Ⅱ.5.14**
（详见第Ⅱ篇第 5 章）

# 第6章 绿化布置

绿化布置是指在分析场地环境、建筑物性质和功能的基础上，根据要求进行绿地设计和植物配置。

鉴于其内容庞杂、专业性较强，建筑师只需了解与场地设计密切相关的基本知识，如：植物种类、配置类型、布置形式、环境效果等。历年来此类试题一直较少，也比较简单。

有关基本知识和规范规定的学习，建议参见〈陈磊编指南〉第五章。

### ■ 绿化布置例题 6.0.1

本题为1992年美国注册建筑师资格考试的试题，提供了优秀、及格与不及格三种类型的答案，对考生预习很有启发。

【试题】

一、设计条件

一栋2层办公楼的场地平面图，以及树种图例如图6.0.1-1所示。

图 6.0.1-1

二、任务要求

在场地平面图内按树种图例进行绿化布置，以满足下列要求：

1. 栽植大树冠的树木突出街道的景观效果。

2. 利用树木促使行人走人行道。

3. 减少西北风对建筑物的侵袭。

4. 将垃圾箱与邻近的地带、车道、停车场隔开。

【优秀答案】

作图答案见图 6.0.1-2。

评语：本答案按照任务要求较好的布置了各种树木，其中落叶乔木沿街道种植，充分考虑了街道的景观效果；常绿灌木的设置能有效地促使人流沿人行道活动；常绿乔木茂密的栽种在西北角，成为阻挡寒风的屏障；楼前的装饰性落叶树使建筑立面更加生动，而且夏可遮阳，冬可透光，极为实用；垃圾箱则用小乔木与四周隔开，使环境既美观又清洁。

图 6.0.1-2

**【及格答案】**

作图答案见图 6.0.1-3。

**【评语】**

本答案没有前者完善，主要是树木的布置比较稀疏，影响景观效果，尤其是没有将垃圾箱与停车带隔开。但仍是一份及格的答卷。

冬季风向

露台

2层办公楼

用地界线

露出地面的岩石

垃圾箱

北

0 5 10 20m

公园大道

图 6.0.1-3

**【不及格答案（一）】**

作图答案见图 6.0.1-4。

**【评语】**

本答案未能及格的主要原因有二：首先，长绿乔木虽然也布置在西北角，但只有三棵且距建筑物太远，因此无法起到屏障作用。其次，装饰性落叶树被分散布置在整个场地上，建筑物的南窗外反而没有，以致未能起到美化、丰富建筑面立面的效果。

冬季风向

用地界线

露台

2层办公楼

露出地面的岩石

垃圾箱

北

0 5 10 20m

公园大道

图 6.0.1-4

**【不及格答案（二）】**

作图答案见图 6.0.1-5。

**【评语】**

本答案乍一看似乎满足了所有任务要求，但细看则可发现，沿街道两端和垃圾箱西侧的树木竟然布置在用地界线之外，显然是错误的。另外一个较小的问题是，垃圾箱东侧起隔离作用的树木画得太大，阻塞了人行道与垃圾箱之间的通路。因此，本答案不能及格。

**■ 绿化布置例题 6.0.2**

**【试题】**

一、设计条件

已知上、下台间挡土墙的剖面，以及建筑外墙和绿篱的示意画法（图 6.0.2-1）。

二、任务要求

1. 绘图要求

在上、下台地上分别布置楼房商店和楼房住宅，以及各种植绿篱一道。在已知的挡土

图 6.0.2-1

墙两侧补画并标注相关尺寸，且应使建筑和绿篱均距挡土墙最近。

2. 回答问题

（1）本题中住宅与挡土墙的最小距离为 ［　　］ m。

A. 2 　　　　　　B. 2.5 　　　　　　C. 3

（2）本题中若无绿化时，住宅与挡土墙的最小距离为 ［　　］ m。

A. 2 　　　　　　B. 2.5 　　　　　　C. 不限

（3）本题中若挡土墙高度<2m，则商店与挡土墙的最小距离为 ［　　］ m。

A. 2 　　　　　　B. 3 　　　　　　C. 不限

【答案】

1. 绘图答案见图 6.0.2-2。

2. 问题答案：（1）B　　　（2）A　　　（3）C

1. 建筑物与挡土墙的最小距离；

2. 绿篱与建筑物和挡土墙的最小距离。

图6.0.2-2

【提示】

1. 商店无日照要求，虽位于住宅北侧，但不必考虑日照间距。

2. 上、下台地高差为3.2m-1.0m＝2.2m＞2.0m。根据《城市用地竖向规划规范》第5.0.3条的规定，则商店外墙与挡土墙上缘的最小距离为3m，住宅外墙与挡土墙下缘的最小距离为2m。

3. 在《全国民用建筑工程技术措施（规划·建筑·景观）》第285页表2.7.6中，列举了各类树林距建（构）筑物的限值，其中绿篱外缘与楼房的最小距离为1.5m，与挡土墙的最小距离为 0.5m。

已知绿篱宽 0.5m，故从种植绿篱的要求考虑，商店和住宅与挡土墙的最小距离均为 0.5m+0.5m+1.5m＝2.5m。

4. 综上分析，可知住宅与挡土墙的最小距离应取种植绿篱的限值 2.5m（>2.0m）；相反，商店与挡土墙的最小距离应取无种植绿篱时的限值 3.0m（>2.5m）。

【评析】

1. 难度不大 ★★☆☆☆。

2. 所谓难度不大，是对熟知绿篱距建（构）筑物最小限值者而言，否则很难得分。其实作为建筑师有此概念即可，具体数据已属施工详图内容，届时查阅又有何妨？

而建筑物距护坡或挡土墙的最小限值，倒是应该牢记的，因其往往涉及建筑总体方案的布局。

【链接】

《场地设计作图——注册建筑师综合设计与实践检验答疑》附录五习题七与本题类似，但无答案，且设计条件和任务要求均无具体数据。

■ 绿化布置试题 Ⅱ. 6.99（详见第 Ⅱ 篇第 6 章）

# 第7章 管线综合

管线综合设计在于协调各专业管线的布局，包括平面和竖向综合布置两类工作。平面综合主要是确定管线的坐标，以解决各种管线在平面上的合理位置；竖向综合主要是确定管线的埋设深度及管线之间各交叉点的标高，以保证各种管线在不同的埋设深度条件下顺利敷设，互不相碰。

相关的基本知识和规范规定可参见〈陈磊编指南〉第六章，以及《建筑学场地设计》第 7.2 节和第 7.3 节。

## 7.1 管线的竖向综合

■ 管线综合例题 **7.1.1**

【试题】

一、设计条件

1. 如图 7.1.1-1 所示。已知某低层住宅一层地面的设计标高为±0.000m，室外地面标高为-0.50m，基础底面标高为-1.92m。该地土壤内摩擦角 $\alpha = 30°$（$tg\alpha 30° = 0.58$）。

剖面图

图 7.1.1-1

2. 在该住宅旁拟直埋热力管道，其外径（含保温外壳）$D=1.00$m。要求沟槽内壁与管道外径间留出 $\delta=0.5$m 的间隙，以便于施工。管道敷设的最小覆土深度 $S=1.00$m。

二、任务要求

1. 求出管道中心线至住宅基础外缘的最小距离（$L$），以及下列相关数值：住宅基础的埋置深度（$h$）、管道最小敷设深度（$H$）和管沟底面的最小施工宽度（$a$）。上述计算均应列出算式。

2. 根据上述计算回答下列问题：

（1）住宅基础的埋置深度 $h$ 为〔　　〕。

A. 1.00m　　B. 1.42m　　C. 1.50m　　D. 2.00m

（2）管道的最小敷设深度 $H$ 为〔　　〕。

A. 1.00m　　B. 1.50m　　C. 2.00m　　D. 2.50m

（3）管道沟槽底面的最小施工宽度 $a$ 为〔　　〕。

A. 1.00m　　B. 1.50m　　C. 2.00m　　D. 2.50m

（4）管道中心线至住宅基础外缘的最小距离 $L$ 为〔　　〕。

A. 1.00m　　B. 1.50m　　C. 2.00m　　D. 2.50m

3. 在图 7.1.1-2 的剖面图中加绘管道和沟槽（壁面垂直）断面，并标注相关尺寸 $D$、$H$、$h$、$H-h$、$a$ 和 $L$。

图 7.1.1-2

【答案】

1. 管道中心线至住宅基础外缘的最小距离

$$L = \frac{H-h}{\text{tg}\alpha} + \frac{a}{2}$$

$$= \frac{2.00-1.42}{0.58} + \frac{2.00}{2}$$

$$= 1.00 + 1.00 = 2.00\text{m}$$

其中：基础埋置深度为：$h = 1.92 - 0.50 = 1.42\text{m}$

管道最小敷设深度：$H = D + h = 1.00 + 1.00 = 2.00\text{m}$

沟槽底面最小施工宽度：$a = D + 2 \times 0.5 = 1.00 + 1.00 = 2.00\text{m}$

2. 回答问题（题目原文从略）：

（1）B　　　（2）C　　　（3）C　　　（4）C

3. 作图答案见图 7.1.1-2。

【考核点】

1. 建筑物基础的埋置深度；

2. 管道的敷设深度；

3. 管道与建筑物基础的最小距离。

【提示】

1. 建筑物基础的埋置深度（$h$）应从室外地面算起（其数值根据该建筑物的结构计算确定），故本题的 $h = 1.92 - 0.50 = 1.42\text{m}$。

2. 管道的敷设深度（$H$）的计算，当管道直埋时，是指室外地面至沟槽底面的距离。该深度取决于管道的种类、管径、土壤的冰冻深度及其防冻保护间距，且不得小于最小限值。因此本题的 $H = D + S$。

3. 沟槽底部的施工宽度（$a$）取决于管径、材料及地质条件。其沟壁可以是垂直的（必要时加支护措施），也可以是外斜的，视施工需要而定。

（1）当沟槽深度 $H \leqslant 2\text{m}$ 时，其宽度（$a$）= 管道外径（$D$）+ 两侧至槽壁间的施工距离（$\delta$），本题即属于此类型，其 $a = D + 2\delta = 1.00 + 2 \times 0.5 = 2.00\text{m}$。

（2）当沟槽深度 $H > 2\text{m}$ 时，可取 $H$ 每增加 $1\text{m}$，$a$ 值相应增加 $0.2\text{m}$。

4. 管道中心线至建筑物基础外缘的距离（$L$）。

（1）当 $H \leqslant h$ 时，可根据管道的种类，其 $L$ 满足相应规定的最小限值即可。

（2）当 $H > h$ 时，该 $L$ 值除取决于 $a$ 外，还取决于 $H-h$ 和土壤内摩擦角 $\alpha$。因为当 $L$ 最小时，沟槽底面的内角点应位于 $\alpha$ 角的斜边上，故有

$$\text{tg}\alpha = \frac{H-h}{L-\dfrac{a}{2}} \qquad \text{即：} \quad L = \frac{H-h}{\text{tg}\alpha} + \frac{a}{2}$$

若 $L$ 的计算值 < 相应规定的最小限值时，则应取后者。

【评析与链接】

1. 难度较大 ★★★☆。

2. 本题的难度较大，主要是考虑因素的增加，运算较为复杂。

3. 〈陈磊编指南〉的此题仅管径、最小覆土深度不同，故答案稍异，但无本质区别。

■ **管线综合试题 II.7.03**（详见第 II 篇第 7 章）

# 7.2 管线的平面综合

■ 管线综合例题 7.2.1

【试题】

一、设计条件

1. 场地内东西向及南北向道路已建成，其交叉口处的道路红线及人行道宽度如平面图所示。

2. 东西向及南北向道路上已建地下管道的种类、外径、间距及覆土深度等均见图 7.2.1-1 平面图。

3. 解题时可不考虑路面和管道的坡度，以及管径的变化。

图 7.2.1-1

二、任务要求

1. 回答问题（答题卡从略）：

（1）电信电缆应敷设在［　　］处。

A. 道路西侧临道路红线　　B. 道路西侧临车行道缘

C. 道路东侧临道路红线　　D. 道路东侧居人行道中央

（2）电力电缆应敷设在［　　］处。

A. 道路西侧临道路红线　　B. 道路西侧临车行道缘

C. 道路东侧临道路红线　　D. 道路东侧居人行道中央

（3）污水管敷设在［　　］处。

A. 道路西侧临道路红线　　B. 道路西侧临车行道缘

C. 道路东侧临道路红线　　D. 道路东侧居人行道中央

（4）热力管道应敷设在［　　］处。

A. 道路西侧临道路红线　　B. 道路西侧临车行道缘

C. 道路东侧临道路红线　　D. 道路东侧居人行道中央

2. 作图

（1）在平面图中南北向道路两侧的人行道上，补绘电力电缆、电信电缆、热力管道和污水管，并标注管道名称、管道中心线的水平距离。

（2）在平面图下方，对应绘制南北向道路的剖面图，标注各种管道的名称、外径、管顶标高（设人行道路面标高为±0.00），以及管道中心线的水平间距。

【答案】

1. 作图答案见图 7.2.1-2。

2. 回答问题（题目原文从略）：

（1）A　　（2）C　　（3）B　　（4）D

【考核点】

1. 地下管线由建筑物向道路方向的水平敷设顺序；

2. 地下管线由建筑物向道路方向的垂直敷设顺序；

3. 电力及电信电缆的平面布置原则。

【提示】

1. 地下管线应由建筑物向道路方向由浅至深敷设，其顺序为：电信电缆、电力电缆、热力管道、燃气管、给水管、雨水管和污水管。

其中电力电缆和电信电缆宜远离，并按照前者在道路东侧或南侧，后者在道路西侧或北侧的原则布置。

据此可确定：

（1）电力电缆应敷设在道路东侧临道路红线处。

（2）电信电缆应敷设在道路西侧临道路红线处。

（3）热力管敷设在道路东侧居人行道中央，污水管应敷设在道路西侧临车行道缘。如二者位置对调，则均不符合规定的敷设顺序。

2. 因不考虑路面和管道坡度，以及管径的变化，因此在画剖面图时，各种管线的外径、管顶标高、管道中心线的水平间距等均可参照东西向道路上给出的值。

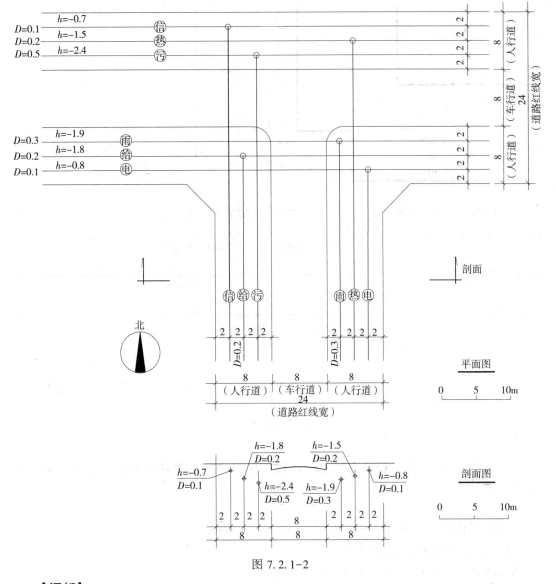

图 7.2.1-2

【评析】

1. 难度适中★★★☆☆。

2. 这是一道模拟题，没有任何数学计算，只要掌握管线敷设顺序的规定，即可迎刃而解，但剖面的绘制意义不大。

■ 管线综合例题 7.2.2

【试题】

一、设计条件

1. 图 7.2.2-1 所示为场地内干道与支路交叉口的一角，人行道下敷设有管道，其名称、外径（$D$）、最小覆土深度（$h_0$）、交叉处的最小垂直净距（$b_0$）等均已标明。

图 7.2.2-1

2. 解题时不考虑路面和管道坡度与管径变化，以及在管道交叉处不采取减少净距（b）的措施。

二、任务要求

1. 回答问题（答题卡从略）：

（1）电信电缆的覆土深度为 [     ]。

A. 0.5m      B. 0.7m      C. 1.0m      D. 1.2m

（2）热力管道的覆土深度为 [     ]。

A. 1.0m      B. 1.3m      C. 1.5m      D. 1.8m

（3）给水管道的覆土深度为 [     ]。

A. 1.3m      B. 1.5m      C. 1.7m      D. 1.9m

（4）污水管的覆土深度为 [     ]。

A. 1.4m      B. 1.7m      C. 2.0m      D. 2.3m

2. 在平面图中标注

（1）四种管道的覆土深度（h），即管道顶至人行道路面的距离（设路面标高为±0.00m）。

（2）A，B，C 三个管道交叉处的垂直净距（b）。

【答案】

1. 回答问题（题目原文从略）：

（1）B　　（2）B　　（3）C　　（4）D

2. 作图答案见图 7.2.2-2。

图 7.2.2-2

【考核点】

1. 地下管道由建筑物向道路方向的敷设顺序；

2. 地下管道覆土深度的确定；

3. 地下管道交叉的净距要求。

【提示】

1. 首先确定电信电缆的覆土深度 $h$ 应为最小限值 $h_0 = -0.7$m。

2. 据此，并考虑电信电缆与热力管道交叉处的最小净距 $b_0 = 0.5$m，以及外径 $D = 0.1$m，可知热力管道的覆土深度为：

$$h = -（0.7 + 0.5 + 0.1）= -1.3\text{m}$$

3. 根据热力管道的覆土深度 $h = -1.3$m，外径 $D = 0.3$m，及其与给水管道交叉处的最小净距 $b_0 = 0.1$m，可算出给水管覆土深度为：

$$h = -（1.3 + 0.3 + 0.1）= -1.7\text{m}$$

4. 根据给水管的覆土深度 $h=-1.7\text{m}$，外径 $D=0.2\text{m}$，及其与污水管交叉处的最小净距 $b_0=0.4\text{m}$，可算出污水管覆土深度为：

$$h=-（1.7+0.2+0.4）=-2.3\text{m}$$

5. 根据确定的管道覆土深度和外径，可算出 A，B，C 三个管道各交叉处的垂直净距（$b$）。

6. 注意：由于电信电缆位于其他管道之上，因此计算交叉处的净距时，只需考虑电信电缆本身的外径值。而给水管或污水管位于与其交叉的管道之下，故计算交叉处的净距时，应考虑对应管道不同的外径值。

【评析】

1. 难度较大★★★★☆。

2. 与前题相比，由于运算繁琐，本题的难度要大得多。关键是首先要对相关的计算公式（图 7.2.2-3）心中有数，否则将无从入手。

〈陈磊编指南〉将该题答案的表达进一步工程化，更为难上加难。

图 7.2.2-3

# 第8章 场地综合设计

场地综合设计试题的主旨是根据有关规范和设计任务书,在提供的场地现状图内,完成一项小而全的总平面设计,用以考查建筑师驾驭总平面设计的综合能力。

其中,设计任务书一般均给出拟建主、次要建筑单体的用途、平面尺寸和层数(高度)。并提出对建筑物、道路、停车场、其他活动场地布置与竖向设计等方面的要求。

提供的场地现状图应标明场地范围、建筑红线、场地内外的地形、地物、道路以及控制点的标高。

要求设计的内容主要包括:建筑物布局和室外空间构成、道路及交通组织、停车场和其他活动场地的安排、竖向标高的确定、绿化及景观布置等。

〈陈磊编指南〉第7章对场地综合设计的基本知识和规范规定有简要的介绍。而《建筑学场地设计》第5章则对各类建筑的选址、总平面功能关系和布置要点均有较详细的阐述。〈张清编作图题〉第5章系针对不同建筑类型的试题,在解题的〔设计要点〕中重点摘录相应的基础知识和规范要求。

■ **场地综合设计例题 8.0.1**

本题系根据1992年美国注册建筑师资格考试的试题整理而成,共提供一个优良、一个及格和两个不及格答案的样卷,可从正面与反面获得启示。

【试题】

1. 在池塘岸边有一处平坦场地,可供建造实验楼和温室。环境现状及拟建的平面如图8.0.1-1所示。

2. 实验楼与温室应通过连廊连为一体。其中实验楼的位置应考虑人员与货物的分流和进出方便;温室的位置则应确保充足的日照。

3. 布置36辆普通车位(2.9m×6.3m)和4辆残疾人车位(3.8m×6.3m)的停车场,均为垂直停车。车行道(宽7.9m)宜环通,如为尽端停车,应附加出车空间。

4. 货车道应单独通向服务入口,设卸货场或回车道(转弯半径为14.3m)。

5. 布置宽度≥2m的人行道,通至主入口。

6. 建筑物和道路等应布置在建筑控制线以内,已有树木及自行车道均不得破坏。

【**优良答案 (图8.0.1-2)**】

1. 实验楼主入口和服务入口朝向城市道路,观景窗面向池塘,温室位于南向,建筑物定位正确。

2. 停车场与卸货场分别位于院内主路的南、北侧,互不干扰并临近各自的入口,布局合理。

3. 残疾人停车位布置恰当。停车场内车行道环通,出入方便。

4. 人行道穿过停车场出入口,且须设坡道,不够通畅。

图 8.0.1-1

【及格答案（图 8.0.1-3）】

1. 实验楼及温室定位正确。

2. 院内主路虽贯穿停车场，但普通车位及残疾人车位，以及行车道布置合理。

3. 货车道在临街入口内即单独通至服务入口，与员工车流完全隔离。虽无卸货场，但设有回车道，处理恰当。

4. 人行道也独立设置，与车流分离，安全顺畅。

【不及格答案一（图 8.0.1-4）】

1. 建筑物斜向布置，定位不妥，导致实验楼景观条件差，温室日照减少。

2. 停车场为尽端式，场内车行道宽达 14.3m，反而不够安全。

3. 货车道布置合理，与停车场互不干扰。

【不及格答案二（图 8.0.1-5）】

1. 建筑物定位合理。

2. 货车道穿越停车场，极不安全。

图 8.0.1-2（优良答案）

图 8.0.1-3（及格答案）

图 8.0.1-4（不及格答案一）

图 8.0.1-5（不及格答案二）

3. 残疾人停车位为尽端停车，出车不便。

4. 未设人行道。

【链接】

在有的辅导教材中，仅将实验室北部改为急诊、南部改为门诊、温室改为处置室，而总平面布置仍同优良答案，似有不妥。因为处置室无朝向要求，但应位于急诊和门诊之间，以便于与二者均有方便的联系，故应移急诊、门诊楼的东侧。

■ **场地综合设计试题Ⅱ.8.94、Ⅱ.8.96~Ⅱ.8.01 和Ⅱ.8.03~Ⅱ.8.14**（详见第Ⅱ篇第 8 章）

# 第9章 场地布置

场地布置试题属于单项题，仅要求根据给定的场地范围和条件，划分拟建的功能区域或布置建筑物，而不必表达其他场地设计的内容。此项显然也正是场地综合设计试题的首要考核点，为减少题量，2003年后场地布置试题已被取消。但由于该型试题对解答场地综合设计试题颇有参考价值，故仍编录。

### ■ 场地布置例题 9.0.1

本题根据1992年美国注册建筑师资格考试的试题整理而成，也是我国同类试题的原型。

一、设计条件

1. 已知城区地段的现状如图9.0.1-1所示。其中仅南侧隔城市道路为居住区，其他三面隔城市道路均为商业区。

图 9.0.1-1

2. 相关的地产线（我国称道路红线和用地界线）和建筑后退线（我国称建筑控制线）也已在该图内标示。

二、任务要求

1. 布置 5 块住宅用地（每块用地面积为 15.9m×6.3m）。

2. 布置 1 栋门诊所的可建用地，面积力求最大，并便于对外服务。

3. 布置公用停车场 1 座：18 个标准车位（2.9m×6.3m）、2 个残疾人车位（3.8m×6.3m）、行车道宽 7.9m。主要服务于门诊所和住宅。

4. 布置 6.3m 宽的市政设施通道，其上不得建造建筑物，其下的管道通向门诊所和住宅。

三、答案评析

1. 及格答案见图 9.0.1-2。

图 9.0.1-2

141

（1）住宅用地均位于南部，隔城市道路与现有居住区相邻，定位正确。住宅用地的南界与南侧的地产线重合，并按东西地产线的间距均分为5块，从而尽量缩小住宅用地的南北向长度，以确保门诊所可建用地的最大化。

（2）门诊所位于北部，不仅使可建用地最大，且北向全部邻街，利于对外服务。

（3）公用停车场及市政设施通道位于门诊所与住宅用地之间，便于二者使用。市政设施通道与停车场行车道合用，不另占地，经济合理。

2. 不及格答案见图9.0.1-3。

图 9.0.1-3

其主要问题在于：未能正确理解地产线与建筑后退线的区别，错误地将住宅用地限制在建筑后退线以内，导致住宅用地北移且变长，使门诊所可建用地面积相应减少。其实只要将住宅建筑实体建造在建筑后退线以内，住宅用地的边界是允许与地产线重合的。相反，门诊所本身已为建筑实体，其可建范围应在建筑后退线以内。因此，本答案的区域定位虽然基本正确，但仍不能视为及格。

■ **场地布置试题 Ⅱ.9.96、Ⅱ.9.98、Ⅱ.9.00 和 Ⅱ.9.01**（详见第 Ⅱ 篇第 9 章）

# 第Ⅱ篇

分类汇编历年试题
剖析各书同题异解

# 第1章　概述

## 1.1　真假说试题　纵横论教材

自1996年举行一级注册建筑师资格考试以来，由于应试者备考的时间和精力有限，因此参加考前辅导讲座和阅读应试教材成为速成的首选。特别是鉴于当前建筑师参与场地设计工程实践的机会极少，该科的应试能力只能通过辅导学习获得。

目前仅针对场地作图题的应试教材即达9册（其中7册分属5部系列丛书，详见表Ⅱ.1.1），现综合评述如后。

1.1.1　编写的基本框架有两类：一类为基础知识在前，例题在后；另一类则仅汇编例题。两类中除〈耿长孚编考题〉外，均根据考试大纲（表Ⅱ.1.2）和历年试题的类型划分章节，以利思考和对应实战。而各书均自成体系力求完整，多无涉及他书的横向评述与链接。本书及〈耿长孚编考题〉则属例外。

1.1.2　各书的例题除少量自编的模拟题外，均以历年试题为主。因其源自实战、切中考试脉搏，故形成需求优势，各书无不选录。其中尤以下列两书最具代表性：

一者为〈耿长孚编考题〉。该书汇编了1998年以来的试题，先按年序分章，再编录同年的各类试题，逐题解答评析且立论独到。可称为场地作图题的编年史，故颇受关注。

二者为〈张清编作图题〉。该书聚焦于2003年以来的试题，但与前者不同，先按题型分章，再逐年汇编该型试题，更便于备考阅读。同时将解题过程分步图示解读，逻辑清晰、简明易懂。可称为场地作图题的专项史，故颇受青睐。

1.1.3　然而关键问题为：由于国家不公布试题的原文和标准答案，因此各书所谓的"试题"文本均为各自复原而成；所谓的"标准答案"也系自编自演。从而导致在9册应试教材中，平均同一道试题和答案，不仅在5.3册中重复，而且其中47%大同小异或差别极大（表Ⅱ.1.3）。对此同题异解的纷杂局面，考生多无暇考证、难辨正误，势必陷入困惑与失措！

| 书名 | 丛书 | — | 一、二级注册建筑师考试丛书 | |
|---|---|---|---|---|
| | 代号 | ① | ② | ③ |
| | 全称 | 场地设计作图考题答疑——试题、命题与设计实践验证 | 一级注册建筑师考试教材 第六分册 建筑方案 技术与场地设计(作图)(含作图试题) | 一级注册建筑师考试场地设计(作图)应试指南 |
| | 简称 | 耿长孚编考题 | 曹伟浚编作图 | 陈磊编指南 |
| 作者 | | 耿长孚 | 曹伟浚主编 | 陈磊 赵晓光 |
| 出版社 | | 天津大学出版社 | 中国建筑工业出版社 | |
| 内容提要 | | ● 本书是1998~2012年场地作图题的编年史。以年份为序，汇编当年的各类试题，共计74道 ● 此外尚提供1992年美国试题6道和1994年辽宁省试题3道 | ● 第三十章为场地设计(作图) ● 第一节为场地设计作图简述、第二节为场地竖向设计(基础知识和实例) ● 第三节为场地作图试题解析。按场地分析、场地剖面、停车场、场地地形、场地设计、场地布置、绿化布置分类汇编试题共34道 ● 第四节为（2010和2012年）两套试题共10道 | ● 按题型分为七章：场地分析（含平地上的场地剖面）、场地地形、场地剖面、停车场、绿化布置、管线综合、场地综合设计 ● 每章前阐述基本知识和规范规定，章末小结知识要点、熟记数据与公式 ● 每章的例题根据共性再次归类汇编 ● 例题共计92道 |
| 评述 | | ● 思路开阔，常能给出多个答案 ● 评析深入，并能质疑和链接他书 ● 编年体例对择类复习者稍感不便 | ● 不少例题尚给出不同答案或提出质疑与链接，颇受启发 ● 但上述例题多与①重复 | ● 基础知识简明全面 ● 个别例题偏难偏繁 |
| 书名 | 丛书 | 全国一、二级注册建筑师考试培训辅导用书 | | 注册建筑师资格考试系列图书 |
| | 代号 | ④ | ⑤ | ⑥ |
| | 全称 | 7 建筑方案设计 建筑技术设计场地设计(作图) | 全国一、二级注册建筑师考试模拟题解·2·(作图) | 一级注册建筑师资格考试场地设计模拟作图题 |
| | 简称 | 注册网编作图 | 注册网编题解 | 任乃鑫编作图 |
| 作者 | | 住房和城乡建设部执业资格注册中心网 | | 任乃鑫 |
| 出版社 | | 中国建筑工业出版社 | | 大连理工大学出版社 |
| 内容提要 | | ● 第三章为场地设计(作图) ● 第一至七节为基础知识 ● 第八节为例题。分为场地分析、场地选择、场地绿化、场地规划、开发范围、交通及工程系统、场地要素、场地设计综合练习。共计48道，其中5道无答案 | ● 第三章为场地设计（均为例题） ● 按题型分为6节：场地分析、场地剖面、停车场、场地地形、场地布置、场地综合设计。共计60道 | ● 全书均为例题 ● 按题型分为5章：场地分析、场地剖面（含管线综合）、停车场、场地地形、场地综合设计。共计72道 |
| 评述 | | ● 例题多与书⑤重复 ● 例题未按试题题型归类，不够系统 | ● 多为2001年以来的试题 ● 无绿化布置、管线综合例题 | ● 每题除解答提示外，尚有参考评分标准 ● 例题多与书⑤重复 |

| 书名 | 丛书 | 一级注册建筑师考试备考速记全书 | 历年真题解析与模拟试卷 | — |
|---|---|---|---|---|
| | 代号 | ⑦ | ⑧ | ⑨ |
| | 全称 | 建筑方案设计、建筑技术设计、场地设计(作图) | 场地设计(作图题) | 一级注册建筑师考试场地作图题汇评 |
| | 简称 | 研究组编作图 | 张清编作图题 | 本书 |
| 作者 | | 全国一级注册建筑师执业资格考试研究组 | 张清 | 教锦章　陈景衡 |
| 出版社 | | 北京科学技术出版社 | 中国电力出版社 | 中国建筑工业出版社 |
| 内容提要 | | ● 第3章为场地设计(作图)<br>● 分为5节:场地分析、竖向设计、管道综合、停车场与道路、广场与绿化布置。每节以图表和口诀分项汇总基础知识<br>● 附例题13道 | ● 第1~5章按题型分为:场地分析、场地剖面(含管道综合)、停车场、场地地形、场地规划设计(含场地布置)<br>● 每章前介绍设计要点、规范要求及解题一般步骤<br>● 试题共计50道(2003~2013年)<br>● 第6章为模拟题共4道 | ● 均为例题。分为第Ⅰ、Ⅱ篇及附录篇<br>● 第Ⅰ篇解析场地作图题的基本题型:场地分析、场地地形、场地剖面、停车场、绿化布置、管线综合、场地综合设计、场地布置,均为模拟题共42道<br>● 第Ⅱ篇汇编1994年以来的试题,共计94道。除试题和答案外,重在评析和链接他书<br>● 附录5篇,分别为通用解题模式和专题研讨 |
| 评述 | | ● 基础知识的介绍简明扼要,较有特点<br>● 例题较少且多自本书转录 | ● 解题过程分步图示,简明易懂,独具特色<br>● 聚焦近十年以来的试题,选题集中 | ● 2003年以来的试题和答案索引书⑧,本书仅进行评析和链接,两书互通互补<br>● 评析各书中的同题异解,可阅一知十,形成横向剖视,系本书最大亮点 |

**场地设计（作图题）考试大纲摘录与解读**　　　　表Ⅱ.1.2

| 年份 | 1995 年 | 2002 年 |
|---|---|---|
| 原文 | 着重检验应试者的规划设计能力和实践能力,对试题能作出令人满意的解决,包括场地布置、竖向设计、道路、广场、停车场、管道综合、绿化布置等,并符合法规规范,不着重于绘图技巧 | 检验应试者场地设计的综合能力与实践能力,包括场地分析、竖向设计、管道综合、停车场、道路、广场、绿化布置等,符合法规规范 |
| 解读 | ● 2002年考试大纲较1995年者更简明扼要。其中将检验"规划设计能力"改为"场地设计综合能力"尤为确切<br>● 与考试大纲对应的试题类型现分为:场地分析、场地地形、场地剖面、停车场、管道综合、绿化布置、场地综合设计,共7类。其中场地地形和场地剖面同属竖向设计。道路、广场的平面布置和竖向设计则分别酌情在场地地形、场地剖面和场地综合设计中考查。场地布置并入场地综合设计中考查 | |

| 年份 | 试题数量 | 各书重复编录情况 | | 其中同题异解情况 | |
|---|---|---|---|---|---|
| | | 试题共计 | 重复率 | 试题共计 | 所占比例 |
| | A | B | B/A | C | C/B |
| 1994（1 年） | 3 道 | 8 道 | 2.7 倍 | 5 道 | 63% |
| 1996~2001（6 年） | 36 道 | 116 道 | 3.2 倍 | 67 道 | 57% |
| 2003~2013（11 年） | 55 道 | 377 道 | 6.9 倍 | 164 道 | 44% |
| 总计（18 年） | 94 道 | 501 道 | 5.3 倍 | 236 道 | 47% |

# 1.2  剖析各书同题异解——本书再定位

各应试教材中出现同题异解的原因有三：其一，复原"试题"的设计条件彼此有异，"答案"自然不同；其二，设计条件虽同，但自编的"答案"有误；其三，原试题给出的设计条件本身即不严密，导致答案实际多解。

为此，本书决定调整视角，重新定位：以梳理各应试教材中同题异解试题为切入点，以横向链接为己任，将各自为战的纵队，整合为协同作战的方阵。使考生通过对同题异解原因的剖析，在比较中去伪存真，识得试题的真谛。

据此，自本版起将原书中的历年试题分类汇总、独立成篇，以便对照各书评析同题异解，达到阅一知十、解惑贯通的目的。形成本书与众不同的最大亮点！

# 1.3  关于本篇编写体例的几点说明

1.3.1  本篇仍按题型分章，每章又以 2003 年为界分为两节：

前一节为 1994 和 1996~2001 年的试题。并以本书的试题和答案为"基准"，链接其他各书的同题状况和评析异解。至于以本书为"基准"的原因，则在于主笔人曾参与1996~2001 年的命题工作，对信息有所了解，但仍不能保证绝对准确。

后一节为自 2003 年以来的试题。其试题和答案改为以〈张清编作图题〉为基准（本书索引其题号，考生需阅读原文）。链接其他各书的同题状况和评析异解，则仍由本书担当。至于以〈张清编作图题〉试题与答案为"基准"的原因，仅在于该书的编写体例和内容与本书一致，题解表达清晰，题号固定便于查阅。而不是对该书试题和答案的完全肯定，因其仍不乏欠妥和失误之处。对此，本书同样给予评述。

1.3.2  每节前均列有该类试题各书同题解答对照表。表中以"√"相同、"×"稍异、"××"不同和"—"无此题，四种符号分别表示该题解答在各书中的状况。其中"稍异"和"不同"的解答，则在本书的链接中阐明。

不言而喻，通过此表，考生即可总览该类试题在诸年份内各书的编录情况，对不同的解答一目了然——变纷杂为有序、解困惑为顿悟！

遗憾的是，由于其他各书每版的试题常有增减，题号随之变化，故不便标注各书的同题题号。使欲深入探讨的考生稍感不便。

　　而本篇试题的题号则由"篇号．章号．年号"组成，如"Ⅱ.3.01"即表示：第Ⅱ篇第3章（场地地形）2001年的试题。题号固定，无变动之忧。

# 第 2 章　场地分析

## 2.1　2003 年以前的试题

**场地分析试题各书解答对照（2003 年以前）**　　表Ⅱ.2.1

| 书名 | 简称 | 本书<br>（第Ⅱ篇） | 耿长孚<br>编考题 | 曹伟浚<br>编作图 | 陈磊<br>编指南 | 注册网<br>编作图 | 注册网<br>编题解 | 任乃鑫<br>编作图 | 研究组<br>编作图 | 张清编<br>作图题 |
|---|---|---|---|---|---|---|---|---|---|---|
| | 代号 | ⑨ | ① | ② | ③ | ④ | ⑤ | ⑥ | ⑦ | ⑧ |
| 年份及<br>题号 | 1994 年 | 未考此类题 | | | | | | | | |
| | 1995 年 | 停考 | | | | | | | | |
| | 1996 年 | Ⅱ.2.96 | — | — | V | — | — | — | — | — |
| | 1997 年 | Ⅱ.2.97 | — | — | X | — | — | — | — | — |
| | 1998 年 | Ⅱ.2.98 | X | 同① | — | 同① | — | X | — | — |
| | 1999 年 | Ⅱ.2.99 | X | 同① | — | 同① | — | — | — | — |
| | 2000 年 | Ⅱ.2.00 | X | — | — | — | — | — | — | — |
| | 2001 年 | Ⅱ.2.01 | X | — | X | — | 同③ | 同③ | — | V |
| | 2002 年 | 停考 | | | | | | | | |
| 说明 | 试题、答案、<br>评析、链接 | 其他辅导书的同题解答：—无此题　V 相同　X 稍异　XX 不同（X 和 XX 者在本书的链接中阐述） | | | | | | | | |

### ■ 场地分析试题 Ⅱ.2.96

【试题】

一、比例：见图Ⅱ.2.96-1（单位：m）。

二、设计条件

1. 在城区内建设办公楼一座，用地范围及四邻现状如图Ⅱ.2.96-1 所示。

2. 规划要求沿北街的裙房部分可压道路红线建设，且 20m 以内可与相邻的已建高层建筑联建。东街、南街的沿街建筑应后退道路红线 5.0m。

3. 用地东南角有一人防通道通过，距其两侧 15.0m 范围内不得修建建筑物。用地北部有一地下人行通道出入口。

4. 拟建建筑部分需考虑与已建高层建筑的防火间距（二者相对墙面均按开窗考虑）。

三、任务要求

1. 绘出拟建建筑的最大可建范围，用 ⊘⊘⊘ 表示。

2. 在该范围内绘出高层建筑的最大可建范围用 ⬡⬡⬡ 表示。

3. 注出有关尺寸。

图Ⅱ.2.96-1

**【答案】**作图答案见图Ⅱ.2.96-2。

**【考核点】**

本试题较为简单,只要按设计条件细心作图即可正确解答。其考核点有三:建筑与道路红线的关系、建筑防火间距和地下工程的防护距离。

**【提示】**

1. 人行通道出入口可保留在拟建建筑内,故不影响可建范围。此设计条件实际是命

153

图 Ⅱ.2.96-2

题人故作的"陷阱"。

2. 根据"设计条件4",拟建建筑与已建高层建筑间不是防火墙相对,故其防火间距按《建规》表5.2.2应分别为9m和13m,否则根据该表注2~4,防火间距可为4m甚至不限。

3. 高层建筑区也可建低层建筑，故两类建筑范围线应叠加，否则要失分。

4. 只绘图未注或漏注相关尺寸也要被扣分。

【评析与链接】

1. 难度适中 ★★★☆☆。

2. 地下人行通道出入口的设置较为勉强。

3. 最易疏忽的是：距西侧已建高层建筑防火间距 9m 处为裙房最大可建范围线。

4. 仅〈陈磊编指南〉有此题，且与本书同。

■ 场地分析试题 Ⅱ.2.97

【试题】

一、比例：见图Ⅱ.2.97-1（单位：m）。

图Ⅱ.2.97-1

二、设计条件

1. 某用地等高线如图Ⅱ.2.97-1所示，为了不破坏自然地貌，规定自然坡度>20%处，不得作为建筑用地。

2. 距河流中心线15m范围内为绿化用地。

三、任务要求

在该平面图上绘出可建用地的最大范围，并用 ⬚⬚⬚⬚⬚ 线表示。

【答案】

作图答案见图Ⅱ.2.97-2。

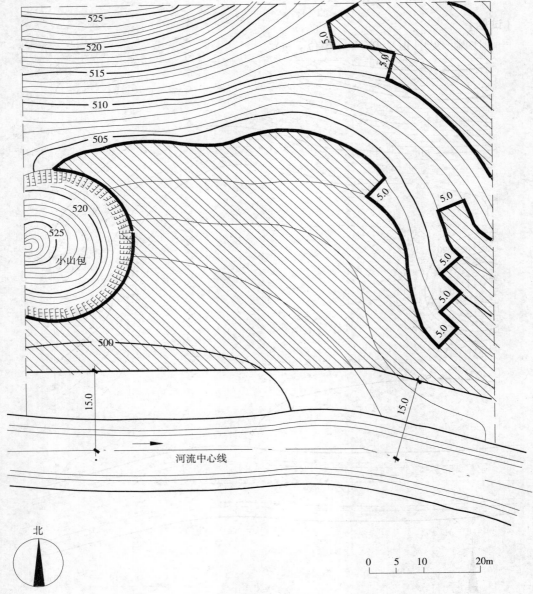

图Ⅱ.2.97-2

【考核点】

本题主要考核根据地形坡度限制，绘出最大可建用地范围。

【提示】

1. 在已知 1∶500 的地形图中，等高距为 1m，故 ≤20% 坡度处，其等高线间距应 ≥ 5m。据此，在图中量找出等高线间距等于 5m 处，连线即可得最大可建范围线。

2. 注意不要遗漏东北角处的不可建地块。至于中间小山包，坡度极陡，明显不可能为可建用地。

3. 根据"设计条件 2"，河道的防护距离，应距已给的河流中心线量出，不必顾及河岸线的形状。

【评析与链接】

1. 难度较低 ★★☆☆☆。

2. 模仿美国试题，且更为简单，但在东北角设置了"陷阱"。

3. 仅〈陈磊编指南〉有此题，但答案与本书的可建范围线轮廓稍异，因其对设计条件有所修改：

（1）将原地貌图中的"小山包"改为"保留树丛"；等高线形态也有所变化。

（2）原河流改为水库。原沿岸的可建范围线，系根据给出的绿化带宽度求得。而该书改为：根据给出的洪水位标高再加上 0.5m 求得。

■ 场地分析试题 Ⅱ.2.98

【试题】

一、比例：见图 Ⅱ.2.98-1（单位：m）。

二、设计条件

某平坦场地如图 Ⅱ.2.98-1 所示，其南面和东面为已建办公楼和住宅，业主拟在用地内修建多层住宅和低层别墅。

城市规划部门对建设的要求如下：

1. 建筑控制线：西面和北面分别后退道路红线和用地界线 5m；东面和南面后退用地界线 3m。

2. 距小河中心线 5m 范围内和距古亭 8m 范围内不得作为建筑用地。

3. 当地日照间距：多层住宅为 1∶1.2，低层别墅为 1∶1.7。不考虑古亭的日照间距。

三、任务要求

1. 在用地平面图上，绘出拟建多层住宅和低层别墅的最大可建范围，并标注尺寸。

2. 多层住宅可建范围用 ▨ 表示；低层别墅可建范围用 ▨ 表示，二者均可建处斜线叠加。

【答案】见图 Ⅱ.2.98-2。

【考核点】

1. 建筑控制线与道路红线或用地界线的关系；

2. 古建筑的保护距离；

3. 河道的防护距离；

4. 日照间距。

图 Ⅱ.2.98-1

场地平面图

**【提示】**

1. 根据图中已建办公楼的高度和"设计条件3"（日照间距值），可以绘出多层住宅可建范围的南边线距已建办公楼为 12m×1.2=14.4m 和 20m×1.2=24.0m。

2. 同理可以绘出低层别墅可建范围的南边线距已建办公楼为 12m×1.7=20.4m 和 20m×1.7=34.0m。应注意该范围线在东南角应下降至距用地南界 3m 处，因此处无办公楼遮挡。

3. 环古亭的可建用地范围线在古亭四角对应处应为圆弧线，其圆心为古亭角点，半径为保护距离 8m。

4. 在东北角处不要遗漏三角形可建用地，尽管其面积很小，实用意义不大，但在理论上是存在的。

**【评析】**

1. 难度适中★★★☆☆。

图 Ⅱ.2.98-2

2. 东北角三角形可建用地的"设置",显然模仿美国试题。

3. 古亭的保护范围线在理论上应为圆角,但实际工程多取直角,故其他应试教材多按后者绘制。如设计条件明确说明,则可避免多解。

■ **场地分析试题 Ⅱ.2.99**

【试题】
一、比例:见图 Ⅱ.2.99-1(单位:m)。
二、设计条件

1. 已知某小学教学区如图 Ⅱ.2.99-1 所示,其中南部有已建教学楼(3 层高 12m),西北角建有行政楼(10 层高 36m),小河以北为体育用地。

2. 在该教学区空地内拟建教学楼和图书馆各一幢,高度均<24m,且均为条形长边朝南向布置。

3. 规划部门要求拟建的教学楼和图书馆应退后道路红线或用地界线 5m,距河道中心

图Ⅱ.2.99-1

线两侧 15m 范围内为绿化用地。

4. 拟建与已建建筑的相对墙面均按开窗考虑。

三、任务要求

1. 画出拟建教学楼和图书馆的最大可建范围，教学楼可建区用 ▨ 表示，图书馆

可建区用  表示（两者均可建时，线条叠加），并注出相关尺寸。

2. 拟建教学楼和图书馆与已建建筑的间距应满足相应《建筑设计防火规范》和《中小学校建筑设计规范》的要求。

**【答案】**

作图答案见图Ⅱ.2.99-2。

图Ⅱ.2.99-2

【考核点】

1. 防火间距；

2. 教室长边相对和距体育用地的最小间距；

3. 建筑与道路红线和用地界线的关系；

4. 建筑退河道的防护距离。

【提示】

1. 根据"设计条件1、2"和《建筑设计防火规范》第5.2.1条，图书馆可建区南界距已建教学楼6m。

2. 根据"设计条件1、4"和《中小学校建筑设计规范》第2.3.6条，教学楼可建区南界距已建教学楼25m。

3. 根据"设计条件1、2"和《高层民用建筑设计防火规范》第4.2.1条，教学楼及图书馆可建区距行政楼9m。

4. 注意距已建建筑转角处的可建范围线应为圆弧线，其圆心为已建建筑的转角点，半径为规定的防火间距或最小距离。

5. 根据"设计条件3"，沿河两侧绿化用地宽15m×2＝30m，符合《中小学校建筑设计规范》第2.3.6条关于教室长边距体育用地不小于25m的规定。

6. 教学楼可建区内均可建图书馆，故前者范围内网线应叠加。

7. 西北角有一块三角形可建用地，不要遗漏。

【评析与链接】

1. 难度适中 ★★★☆☆。

2. 本题与试题Ⅱ.2.98相似，只是将拟建的多层住宅和别墅改为图书馆和教学楼，考核点中的日照间距随之变为教学楼间的防护间距。西北角处易被忽略的三角形用地，更是美国试题的"故技重演"。

3. 其他应试教材与本书答案的不同点为：在绘制由防火间距控制的最大可建范围线时，将阴角处的圆弧改为直线，似不妥（详见附录五）。

■ 场地分析试题Ⅱ.2.00

【试题】

一、设计条件

1. 某城市沿湖滨路有一用地，拟在用地内规划建设场地2.5hm²，其余留作城市绿化，如图Ⅱ.2.00-1所示。

2. 湖中已建有一座城市雕塑。

二、任务要求

1. 考虑城市干道A、B点视线景观，合理划分建设场地和城市绿化用地范围。

2. 建设场地应为完整一块，用地内已有树木树冠范围内不得占用，并满足2.5hm²的面积要求，建设场地用粗实线画出范围。

【答案】

如图Ⅱ.2.00-2所示。

图Ⅱ.2.00-1

图Ⅱ.2.00-2

【提示】

1. 每个方格的面积为 0.25hm²，故建设场地应占 10 格。

2. 考虑景观视线、不占用已有绿地，以及退后洪水淹没等限制条件，连接网格交点，可得左侧建设场地为 10 格，右侧者仅 9.5 格。

3. 根据"应为完整一块"的要求，建设场地应位于左侧。

【评析与链接】

1. 〈耿长孚编考题〉答案一认为：右侧的建设场地面积虽差 0.5 格，但可用洪水淹没线与网格交点连线之间的面积补足，将建设场地范围线外移至洪水淹没线处即可。

然而欲满足该条件，则洪水淹没线与网格交点连线之间的距离应 ≥（2500m²×0.5）÷（50m+50m×1.41×3）= 1250m²÷261.5m = 4.78m。而设计条件中并未给出此值，故肯定右侧建设场地也可满足 2.5hm² 的依据不足。

2. 该书的答案三为：在左右两侧用地内各建实体，中间用门洞相连。从而满足建设场地为完整的一块，又不遮挡城市雕塑的要求，且与场地环境较为协调。但设计条件中未明确雕塑的形态和尺度，如较高耸，则门洞仍遮挡视线。故不能认定为正确答案。

3. 至于该书将建设场地对称分居左右两侧（面积各为 1.5hm²）的答案四，虽然城市景观布局更为合理。但就题论题，与"应为完整一块"的建设场地要求相悖，故答案无可比性。

4. 其他应试教材均未涉及此题。

■ 场地分析试题 Ⅱ.2.01

【试题】

一、设计条件

1. 某单位有一用地，其北部已建 6 层住宅一幢，拟沿街建一座不超过 4 层的综合楼，见图 Ⅱ.2.01-1。

2. 当地日照间距系数为 1.0，规划要求退道路红线 5.00m。

3. 综合楼建筑底层及二层层高各为 4.50m，三、四层层高各为 6.00m，柱网 6.00×6.00m。

4. 综合楼外墙要求落在柱网上，不考虑外墙厚度，建筑高度按层高计算，不考虑室内外高差及女儿墙高度。

二、任务要求

1. 画出综合楼最大可建范围，并用 ▨▨▨▨ 符号表示，综合楼的高度、层数，用数字表示；

2. 计算出综合楼最大可建建筑面积；

3. 作图及面积计算均以轴线为准。

【答案】

见图 Ⅱ.2.01-2。

【考核点】

1. 日照间距。

图Ⅱ.2.01-1

图Ⅱ.2.01-2

2. 防火间距。

3. 建筑控制线。

【提示】

1. 拟建综合楼总高 $4.5 \times 2 + 6 \times 2 = 21m$ 属低层建筑，其最大可建范围线东距用地界线应为 3m，以保证与相邻多层住宅的防火间距为 6m；同理西距用地界线应为 4m，以保证与相邻高层建筑的防火间距为 9m；最大可建范围线东西向长度则为 67-3-4＝60m，恰为 10 个 6m 柱距。

2. 南侧最大可建范围线按规划要求距道路红线 5m。以此线向北以 6m 柱距平行画线，则距北侧已建住宅最小为 3m，但此值小于防火间距 6m，故应退回 1 个柱网，即相距 9m，则不仅大于防火间距且满足一、二层总高 4.5×2＝9m 的日照间距值。

3. 向南再退 1 个柱距 6m，其间可建三层，因其层高也为 6m，符合日照间距系数 1：1，故无日照遮挡。

4. 同理可知南侧剩余的 2 个柱距（12m）均可建四层。

5. 最大可建建筑面积（不是最大可建用地范围面积）为：60×（24×2＋18＋12）＝60×78＝4680（m²）

**【评析与链接】**

1. 难度适中 ★★★☆☆

2. 考核点不多，数据和计算简单，推理设计巧妙，可谓难得好题！

3. 〈耿长孚编考题〉作者进一步讨论认为：如考虑《全国民用建筑工程设计技术措施》的规定，与北侧已建住宅的防视线干扰间距宜≥18m，则拟建综合楼的可建范围则只有 60m×12m（图Ⅱ.2.01-3）。但该《措施》毕竟不是《规范》，且条文为"宜"，故尚可商榷。但为保证答案的唯一性，在设计条件中增加"暂不考虑防视线干扰间距"为好。

图Ⅱ.2.01-3

4. 〈陈磊编指南〉试题的任务要求与本书同，但设计条件有所简化：

（1）已建建筑均在用地界线之外且距离已知。

（2）拟建商场限定为 2~3 层，层高均为 5m，柱网为 9m×9m，日照间距系数为 1.5，退道路红线为10m。

其答案如图Ⅱ.2.01-4所示，与原题相比，难度相对降低。

图Ⅱ.2.01-4

# 2.2 2003年及以后的试题

场地分析试题各书解答对照（2003年及以后）　　　　表Ⅱ.2.2

| 书名<br>（简称） | 张清编<br>作图题 | 本书<br>（第Ⅱ篇） | 耿长孚<br>编考题 | 曹伟浚<br>编作图 | 陈磊编<br>指南 | 注册网<br>编作图 | 注册网<br>编题解 | 任乃鑫<br>编作图 | 研究组<br>编作图 |
|---|---|---|---|---|---|---|---|---|---|
| 代号 | ⑧ | ⑨ | ① | ② | ③ | ④ | ⑤ | ⑥ | ⑦ |
| 2003年 | 1.4.2 | Ⅱ.2.03 | V | — | X | — | X | 同⑤ | — |
| 2004年 | 1.4.3 | Ⅱ.2.04 | V | — | V | — | — | — | — |
| 2005年 | 1.4.4 | Ⅱ.2.05 | X | 同① | V | — | V | V | V |
| 2006年 | 1.4.5 | Ⅱ.2.06 | X | 同① | V | V | V | V | — |
| 2007年 | 1.4.6 | Ⅱ.2.07 | V | V | — | X | V | V | — |
| 2008年 | 1.4.7 | Ⅱ.2.08 | V | V | X | X | 同④ | 同④ | — |
| 2009年 | 1.4.8 | Ⅱ.2.09 | XX | 同① | V | V | — | V | X |
| 2010年 | 1.4.9 | Ⅱ.2.10 | XX | — | V | — | V | V | — |
| 2011年 | 1.4.10 | Ⅱ.2.11 | X | — | V | — | V | V | — |

| 书名（简称） | 张清编作图题 | 本书（第Ⅱ篇） | 耿长孚编考题 | 曹伟浚编作图 | 陈磊编指南 | 注册网编作图 | 注册网编题解 | 任乃鑫编作图 | 研究组编作图 |
|---|---|---|---|---|---|---|---|---|---|
| 代号 | ⑧ | ⑨ | ① | ② | ③ | ④ | ⑤ | ⑥ | ⑦ |
| 2012 年 | 1.4.11 | Ⅱ.2.12 | XX | — | V | V | V | V | — |
| 2013 年 | 1.4.12 | Ⅱ.2.13 | X | — | V | — | — | X | — |
| 2014 年 | 1.4.13 | Ⅱ.2.14 | X | — | X | — | — | V | — |
| | | | | | | | | | |
| | | | | | | | | | |
| 说明 | 试题答案 | 评析链接 | 其他辅导书的同题解答：— 无此题　V 相同　X 稍异　XX 不同（X 和 XX 在本书的链接中阐述） | | | | | | |

■ **场地分析试题Ⅱ.2.03**（同〈张清编作图题〉1.4.2）

【评析与链接】

1. 难度适中 ★★★☆☆。

2. 易错点为：没有考虑出车路口的通视要求，综合楼可建范围的东南角未作切角。

3. 根据《民用建筑设计通则》第 5.2.3-2 条和《城市居住区规划设计规范》第 8.0.5 条的规定，综合楼东侧应按有出入口考虑，其外墙距车行道西侧路缘应≥2.5m，即原车行道东侧路缘距汽车库 4m 应改为 3m。

4. 在其他辅导教材中，由于汽车库西侧出车路的宽度，以及该路与汽车库的距离各异。导致综合楼可建范围东南切角的尺寸变化，面积也随之不同，但均不能视为错答。

■ **场地分析试题Ⅱ.2.04**（同〈张清编作图题〉1.4.3）

【评析与链接】

1. 难度适中 ★★★☆☆。

2. 易错处为：拟建建筑与已建商店的最小距离，应取该处日照间距与防火间距的较大值。

3. 其他辅导教材的答案均同。有人认为应考虑住宅可以东西向布置，因此只要满足冬至日照 1h 且符合防火间距的地块也应计入最大可建范围内（如图 1.4.3（c）和（g）所示）。但约定俗成的是：在规划条件中，给出的日照间距系数均系指南北朝向平行布置的板式住宅而言。否则应根据住宅偏东或偏西的方位进行间距折减计算，对于塔式住宅也有相应的计算规定。因此，为确保答案的唯一性和简化试题，在设计条件中可明确"均按板式住宅南北朝向平行布置"，则可避免歧义、节外生枝。

■ **场地分析试题Ⅱ.2.05**（同〈张清编作图题〉1.4.4）

【评析与链接】

1. 难度适中 ★★★☆☆。

2. 易错点为：应知 9 层住宅仍属于低层建筑防火设防范围，否则按高层建筑考虑防火间距，必错无疑。

3. 面积计算太复杂，最多只计算 3 层或 10 层住宅一种可建范围面积即可，何必求二者之差？

4. 其他辅导书中的此题，多将用地范围加大，故高低层住宅可建范围的面积差值亦异。还有的答案将碑亭的保护范围线按直角绘制。但题意均同。

■ **场地分析试题Ⅱ.2.06** （同〈张清编作图题〉1.4.5）

【评析与链接】

1. 难度适中 ★★★☆☆。

2. 考核点既有布置原则，又有数值计算，结合较好。

3. 关键在于首先应正确确定传染病房的位置，因其应位于下风向，以及应远离地下水源和人流频繁量大的主干道，但又应能直接对外，故只能位于用地的西北角。

4. 拟建病房楼属高层建筑，与多层已建门诊楼的防火间距应为 9m。

5. 其他应试教材的答案与本书基本相同。仅有的解答认为，在已建门诊楼东北角处，9m 消防间距的弧形通路，应改为 9m×15m 的直角通路，以利消防车通行。有待商榷详见附录五。

■ **场地分析试题Ⅱ.2.07** （同〈张清编作图题〉1.4.6）

【评析与链接】

1. 难度适中 ★★★☆☆。

2. 本题无新意，只要沉着细心，按部就班绘图和计算，即可顺利完成。

3. 南北地面高差 2.5m，是本题的最大"陷阱"。而已建建筑（A）两个不同高度部分平面错位 6m，恰为二者高差 5m 的 1.2 倍（日照间距系数），则是本题的妙笔！

4. 用地东南角处多层住宅的最大可建范围线最易漏画。

5. 其他辅导书与本题的差别在于：用地范围或已建建筑的平面尺寸不同，故最大可建范围线的形状和面积各异，但不影响主要考核内容。其中有的答案，西北角已建高层建筑的防火间距线不是圆弧，尚存争议。

■ **场地分析试题Ⅱ.2.08** （同〈张清编作图题〉1.4.7）

【链接】

其他辅导书的答案，由于给出的用地和建筑尺寸、高度、位置不同，故答案的图形和数值均有变化，但并无实质性的差异。其中〈陈磊编指南〉答案变化较多，如图Ⅱ.2.08 所示。

■ **场地分析试题Ⅱ.2.09** （同〈张清编作图题〉1.4.8）

【链接】

1.〈耿长孚编考题〉和〈曹伟浚编作图〉的答案主要有以下不同：

（1）考虑了住宅间的防视线干扰距离。

（2）根据规范的要求，已建商住楼的侧面与其他住宅的间距为 13m。

（3）商业裙房转角处对应的弧形可建范围线改为直线，以利消防和普通车辆通行。

有关上述作法的讨论详见附录五第三、四、六条。

2. 其他应试教材的答案均同本书。

图Ⅱ.2.08

■ **场地分析试题Ⅱ.2.10**（同〈张清编作图题〉1.4.9）

【评析与链接】

1. 关键在于：考生应对《中小学校建筑设计规范》比较熟悉，知道教学楼应有日照要求，以及记得防噪声距离的限值，否则很难迅速解答。

2. 计算教学楼与办公楼可建范围的面积差过于繁琐，大可简化。例如只计算 $S_6$ 处的面积差，不仅简单也可验证答案的正确性。从而使一般考生均可在限时完成解答。

3. 〈耿长孚编考题〉认为：沿城市道路的教学楼最大可建范围线，应按实测噪声计算所需间距，故其答案的间距为 25m（似参照运动场的防噪要求）。另：在可建范围线阴角处，由消防间距控制时，均按直角绘制。其他应试教材的答案均同本书。

■ **场地分析试题 Ⅱ.2.11**（同〈张清编作图题〉1.4.10）

【评析与链接】

1. 在解题时，最好先画拆除既有建筑后的可建范围线（方案二）。否则由于既有建筑仍在图面上并未消失，导致极易漏掉既有建筑 AB 处和 DE 右侧方案一防火间距部分的面积。

2. 两方案面积差的计算意义不大，繁琐易错，一般考生很难在限时内完成。如根据图形直接计算差值可能更快些：

（18.6+8.5）×20+（18.6−14.3）×30+（7.5+3−5）×9+$9^2$×3.14÷4

=542+129+49.5+63.6=784.1≈784m²

3. 〈耿长孚编考题〉的答案认为：对于方案一，当"既有建筑"为商业时，其东山墙与拟建高层住宅的距离为防火间距 9m；如为住宅时，其距离应按《城市居住区规划设计规范》的规定为 13m。因设计条件未明确"既有建筑"的类别，故有两种解答。但后者依据的规范限值为"宜≥10m"即可，且是否如此考虑，尚待商榷（详见附录五）。其他应试教材的答案均同本书。

■ **场地分析试题 Ⅱ.2.12**（同〈张清编作图题〉1.4.11）

【评析与链接】

1. 根据给出的设计条件，高层主体 10m 以下也为商业裙房。如误解为住宅，则其可建范围线南侧与已建住宅⑥对应部分的日照间距应为 18m×1.5＝27m。则此处正确答案的范围线需后退 2m（27m~25m）。

2. 还有人认为，应将该处高层住宅可建范围线南侧的裙房取消，以满足高层建筑应设置消防扑救面的规定。然而可建范围线并不等于拟建建筑最后确定的平面轮廓线。因此，在设计前期阶段无法确定消防扑救面的位置和长度。

3. 其他辅导书此题的答案均同本书。

■ **场地分析试题 Ⅱ.2.13**（同〈张清编作图题〉1.4.12）

【评析与链接】

水泵房西南角处的可建范围线最易画错（正确答案应如〈张清编作题图〉图 1.4.12（e）和（f）所示）。〈耿长孚编考题〉和〈任乃鑫编模拟题〉的此处即交代不够清晰。〈陈磊编指南〉的答案与本书同。

■ **场地分析试题 Ⅱ.2.14**（同〈张清编作图题〉1.4.13）

【评析与链接】

1. 设计条件中应增加："拟建多层商业建筑不考虑作为裙房与拟建高层住宅合建"。

如无此限制，则拟建多层商业建筑的高度为 24m 时，拟建高层住宅与南侧已建高层建筑的日照间距将减少 24m×1.5＝36m。故拟建高层住宅的可建范围最大，其面积可达 4000m² （图Ⅱ.2.14）。

总平面图

图Ⅱ.2.14

2. 拟建多层商业建筑的最大可建范围，沿用地南侧的中央和东南角尚有两处零星用地，极易忽略！〈耿长孚编考题〉和〈陈磊编指南〉的答案均遗漏。详见〈张清编作图题〉图 1.4.13（c）和（d）。

3. 鉴于选择题 4 仅要求计算拟建高层住宅最大可建范围的面积"约为"多少㎡。因此在计算 S₃ 面积时，所需的个别尺寸可以按比例度量，不必计算其精确值，详见〈张清编作图题〉图 1.4.13（f）。

正如该书第 88 页所言，可以量得三角形 $S_3$ 的直角边长度约为 10m，则 $S_3$ 的面积约为 10m×10m÷2＝50m²，与 $S_3$ 面积的精确值 51.44m² 之差，并不影响对总面积正确值 $S$＝1830m² 的选定。

甚至可以不必考虑减去 $S_3$ 的面积，直接用 $S_1+S_2$＝1080m²＋800m²＝1880m² 对比选择题 4 中的 A（1560m²）和 C（2240m²），即可知正确值应为 B（1830m²）。

4.〈耿长孚编考题〉选择题 1 的答案，误将拟建高层住宅最大可建范围线与已建裙房的间距，按防火间距定为 A（9m）。正确答案应按日照间距定为 C（10m×1.5＝15m）。

# 第3章 场地地形

## 3.1 2003年以前的试题

场地地形试题各书解答对照（2003年以前）　　　　　　　表Ⅱ.3.1

| 书名 | 简称 | 本书<br>（第Ⅱ篇） | 耿长孚<br>编考题 | 曹伟浚<br>编作图 | 陈磊<br>编指南 | 注册网<br>编作图 | 注册网<br>编题解 | 任乃鑫<br>编作图 | 研究组<br>编作图 | 张清编<br>作图题 |
|---|---|---|---|---|---|---|---|---|---|---|
| | 代号 | ⑨ | ① | ② | ③ | ④ | ⑤ | ⑥ | ⑦ | ⑧ |
| 年份及<br>题号 | 1994年 | 未考此类题 | | | | | | | | |
| | 1995年 | 停考 | | | | | | | | |
| | 1996年 | Ⅱ.3.96 | — | — | — | — | — | — | — | — |
| | 1997年 | Ⅱ.3.97 | — | — | XX | — | — | V | — | — |
| | 1998年 | Ⅱ.3.98 | X | 同① | XX | — | — | 同① | — | — |
| | 1999年 | Ⅱ.3.99 | V | V | X | — | X | 同⑤ | — | — |
| | 2000年 | Ⅱ.3.00 | V | — | — | — | — | — | — | V |
| | 2001年 | Ⅱ.3.01 | X | — | — | — | — | — | — | V |
| | 2002年 | 停考 | | | | | | | | |
| 说明 | 试题、答案、<br>评析、链接 | 其他辅导书的同题解答：—无此题　V相同　X稍异　XX不同（X和XX者在本<br>书的链接中阐述） | | | | | | | | |

### ■ 场地地形试题Ⅱ.3.96

【试题】

一、比例：1：500（单位：m）

二、设计条件（见图Ⅱ.3.96-1）

1. 某山区道路北侧为人行道和排水沟。

2. 设计的观景台位于道路北侧的山腰上，其地面四角的设计标高为100.3m，并通过蹬道跨过排水沟与人行道相连。

3. 道路南侧设计停车场一座，其纵轴南北两端的地面设计标高分别为97.2m和97.8m。

三、任务要求

1. 修改等高线使停车场内的地面坡度为2%，并保证雨水仍可排入两侧的自然冲沟。

2. 修改等高线以形成观景台，并保证雨水沿其两侧的自然冲沟流入排水沟。

3. 均不得设置挡土墙。

100.5   101.0    北

100.0

100.3   100.3

观景台

99.5

99.0

100.3   100.3

98.5  蹬

98.0  道

97.5       排水沟

人行道

97.8      公路

停车场

97.0

97.2

96.5

96.0

场地平面

图Ⅱ.3.96-1

**【答案】**

作图答案见图Ⅱ.3.96-2。

100.5

101.0

北

100.0

100.3                100.3

99.5

观景台

99.0

100.3                100.3

98.5

蹬

98.0

道

97.5                                                排水沟

人行道

97.8
+                                              公路

停车场

97.5

97.0

97.2

96.5

96.0

场地平面

图Ⅱ.3.96-2

【考核点】

通过修改等高线形成要求的地形：

1. 一定坡度的地面；

2. 平坦的台地；

3. 排除雨水的冲沟。

【提示】

1. 欲保证停车场地面坡度为 2%，必须修改穿过停车场的 97.5m 和 97.0m 两条等高线。

（1）根据停车场已知的 97.8m 和 97.2m 标高点，可求出 97.5m 新等高线在停车场纵轴上的位置。以此点为底点画向低方向凸出的曲线与两侧原有 97.5m 等高线相接，即形成新的 97.5m 等高线。

（2）原等高线的等高距为 0.5m，欲使停车场地面坡度为 2%，则等高线间距应为 0.5m÷0.02＝25m。沿停车场纵轴，由其上新的 97.5m 标高点，向下量 25m，可得 97.0m 新等高线的控制点。以此点为底点画基本平行于 97.5m 新等高线的曲线，并与两侧原 97.0m 等高线相接，即形成新的 97.0m 等高线。

（3）新旧等高线相接点的位置，应尽量不破坏停车场两侧自然冲沟的原生形态。

2. 欲形成观景平台，必须修改 99.0、99.5m 和 100.0m 三条等高线。

（1）由于观景平台的地面标高为 100.3m，大于上述三条等高线的标高值。故修改后的三条新等高线应位于观景平台的两侧和下方。

（2）为形成要求的雨水通路，新等高线尚应在观景平台两侧形成冲沟。特别是 100.0m 新等高线还应绕至观景台的上方，形成谷顶，截流高处流下的雨水，并引向两侧的冲沟内。至于谷顶的位置，不一定在中间，偏一侧也可以。

【评析】

1. 难度适中 ★★★☆☆。

2. 本题的停车场部分明显出自前述的美国试题，观景台部分也可在美国《风景建筑学场地工程》一书中找到原型，只是均加以简化而已。

3. 答案中如能加注排水谷顶的标高则更完善（如可为 100.1）。


■ 场地地形试题 Ⅱ.3.97

【试题】

一、比例：见图 Ⅱ.3.97-1（单位：m）。

二、设计条件

1. 拟在某山坡上建纪念碑一座，场地现状如图 Ⅱ.3.97-1 所示。

2. 纪念碑广场为 35m×35m 的方形，四角设计标高相同，中部向外微坡，以使雨水流入广场四边内侧的暗沟内排出。

三、任务要求

1. 确定纪念碑广场四角的设计标高，应使土方量基本平衡。

2. 画出广场四周的护坡线（高：宽＝1：2），并注明四角处的坡宽。

3. 在保留原有树木和地势走向的条件下，调整广场两侧的地形，以形成排水凹谷，使雨水不流入纪念碑广场。

北

场地平面图  0 5 10 20m

图Ⅱ.3.97-1

【答案】

作图答案见图Ⅱ.3.97-2。

【考核点】

1. 场地护坡；

2. 土方平衡；

3. 排水凹谷。

图Ⅱ.3.97-2

**【提示】**

1. 纪念碑广场处的原始地形为西北高东南低，坡度基本均匀，高差为 64m-60m＝4m，考虑挖填土方量平衡，广场四角设计标高显然应为 62m。则 62m 等高线与广场东西边线的交点，即为填挖方零点的位置。

2. 根据四角设计标高与原始标高之差，以及已知护坡高：宽＝1：2，则可求出四角的护坡宽度点，连接上述各点及挖填挖方零点，即可得出护坡的外边线。

最后画护坡的坡向图例，应注意挖填方零点以上为挖方（坡向内），以下为填方（坡向外）。

3. 修改 60~65m 六条等高线，在广场两侧形成自然排水凹谷。

【评析】

1. 本题答案的主要问题是：误将护坡上缘某点的（设计地面标高−原始地面标高）×护坡的高宽比＝"护坡宽度"，但无论是填方或是挖方护坡，其实际宽度均大于该值（以本题东南角为例，其剖面如图Ⅱ.3.97−3所示）。

图Ⅱ.3.97−3

2. 此外，不能简单地连接四角求出的"坡宽点"和挖填方零点，即认为是护坡的范围线。而应是下述各点的连线，这些点是：护坡等高线与同值自然等高线的交点、挖填方零点、护坡阳角和阴角转折线与自然地面的交点。至于各点的求法则如例题3.2.2所示，也可用附录一的"简化截面法"绘制，图Ⅱ.3.97−4即为其答案。图中护坡坡度改为1∶1，且纪念碑广场缩小，以利表达清晰，故仅供参考。

图Ⅱ.3.97−4a

图Ⅱ.3.97-4*b*

【链接】

1. 〈任乃鑫编模拟题〉的答案同本书图Ⅱ.3.97-2。

2. 〈陈磊编指南〉的同型例题，不要求做护坡，改为修整等高线形成1：2的放坡和排水沟（图Ⅱ.3.97-5）。如用"简化截面法"绘制护坡和排水沟，则如图Ⅱ.3.97-6所示。

现状树木

北

0        10m

65

设计等高线    64.0    2.0
63.0        1.0
2.0

纪念碑        挖方区

零线

62.5 ▼                    35.0

填方区

广场

1.0                            1.0

1.0

62.0
61.0
2.0

35.0

60

图Ⅱ.3.97-5（摘自《场地设计（作图）应试指南》）

图II.3.97-6a

图Ⅱ. 3. 97-6b

**【试题】**

一、设计条件

山坡地拟建一库房，有道路通入，其场地标高为 270.00m。距库房周边 2.5m 设 0.5m 宽明沟与路下暗沟（均暂不考虑深度、坡度及构造），沟壁顶面标高也均为 270.00m（图Ⅱ.3.98-1）。

图Ⅱ.3.98-1

二、任务要求

1. 绘制填方和挖方护坡（坡度 1：2）的范围线（不得设置挡土墙）。

2. 绘制明沟与暗沟，使场地雨水顺利排出。

**【答案】**

见图Ⅱ.3.98-2。

**【考核点】**

护坡的概念与绘图。

图Ⅱ.3.98-2a

【提示】

1. 距库房四周 2.5m 处画出 0.5m 宽的水沟或场地外缘，并标注场地诸角点 A、B、C、D、E、F。

2. 根据标高 270.00m 场地外缘线与同名自然等高线的交点，求得填方与挖方护坡的分界点（零点）H。

3. 已知等高距为 0.5m，护坡坡度为 1∶2，则护坡的等高线间距为 1.0m。以此沿场地四周向外画护坡等高线，并可分别标出与同名自然等高线的交点，依次连接即为护坡的范围线。

4. 填方或挖方护坡转角线脚点或顶点的位置为：

（1）b、d、g 点均可用"简化截面法"求得（详见附录一）。

（2）a、c 点因未给出 275.00m 自然等高线的位置，故可在护坡转角线上近似取 274.50m 和 275.00m 两条护坡等高线的中心。

（3）e 点因护坡转角线与 269.00m 自然等高线无交点，故也可在护坡转角线上近似取 269.00m 和 269.50m 两条护坡等高线的中心。

图Ⅱ.3.98-2b

**【评析】**

1. 难度太大 ★★★★★。

2. 据悉实为早年的试题，能解出者寥寥无几。主要是给出的自然地形和场地平面过于复杂，规划师在限时内也难以完成。

**【链接】**

1. 〈任乃鑫编模拟题〉也给出了答案（图Ⅱ.3.98-3），其解题思路无误，只是未将护坡等高线画出而已。但护坡转角线顶（脚）点的求法显然不妥，与正确位置误差太大，故不能视为完善的解答。

2. 〈陈磊编指南〉则将设计条件简化（自然地形变缓坡），且任务要求改为调整等高线（坡度仍为 1:2）和不做暗沟。难度较为合适，详见图Ⅱ.3.98-4。

若仍要求绘制护坡范围线，其答案则如图Ⅱ.3.98-5所示，可供参考。图中护坡转角线的顶（脚）点也系用"简化截面法"求得。

图Ⅱ.3.98-3（摘自〈任乃鑫编作图〉）

图Ⅱ.3.98-4（摘自〈陈磊编指南〉）

图Ⅱ.3.98-5a

图Ⅱ.3.98-5b

■ 场地地形试题Ⅱ.3.99

【试题】

一、比例：见图Ⅱ.3.99-1（单位：m）。

图Ⅱ.3.99-1

二、设计条件

1. AB段城市道路路宽15m，路面纵坡为2.5%，横坡为1%。

2. 道路A点标高为10.00m。

三、任务要求

1. 要求沿路面纵坡方向绘出路面等高线，等高距为0.1m。

2. 注明等高线间距和纵坡间距尺寸，并标明B点路面的标高。

【答案】

作图答案见图Ⅱ.3.99-2。

【考核点】

1. 等高线间距与等高距；

2. 道路的纵坡与横坡。

【提示】

1. 对于道路纵坡，当坡度为2.5%和等高距为0.1m时，纵坡间距尺寸应为：

$$0.1m \div 0.025 = 4m$$

图Ⅱ.3.99-2

据此，在道路中心线上，以 A 点为原点，每隔 4m 量一点，即依次可得 9.90、9.80、9.70、9.60m 和 9.50m 各标高点。

2. B 点与 9.50m 标高点的距离为 22m-4m×5=2m，其坡降值为 2m×0.025=0.05m，故 B 点的标高应为：9.50m-0.05m=9.45m

3. 对于道路的横坡，当坡度为 1% 和坡长为 15m÷2=7.5m 时，其坡降为 7.5m×0.01=0.075m。由此可知与 A 点相对的路缘处 A′点标高应为：10.0m-0.075m=9.925m

4. 在路缘处，其纵坡仍为 2.5%，其 9.90m 标高点与 A′点的间距应为：

$$(9.925m-9.90m)÷0.025=0.025m÷0.025=1.0m$$

也即由 A′点向低方向量 1.0m，可得 9.90m 标高点。再由此点向高方向量 4.0m，可得 10.0m 标高点；向低方向每隔 4m 量一点，依次可得 9.80、9.70、9.60m 和 9.50m 各标高点。

5. 将道路中心和路缘上相同的标高点相连，可得道路一侧的等高线。另一侧与其对称随之也可画出。

6. 在路缘处，A′点至 10.0m 标高点（A″）的距离为 4m-1m=3m

已知 A A′=7.5m，且△C′C″A″与△A A′A″相似，设 C′至 C″为等高线间距 $x$，则

191

$$7.5 : \sqrt{7.5^2+3^2} = x : 4$$

$$x = \frac{7.5 \times 4}{\sqrt{7.5^2+3^2}} = \frac{30}{8.08} = 3.71\text{m}$$

**【评析与链接】**

1. 难度适中 ★★★☆☆。

2. 要求计算出等高线间距实无必要。

3. 其他应试教材中的此题，与本书不同者多为变更了设计条件，如：路宽、路面横向坡度、已知 A 点的标高值和增加人行道等。故数值有异，题意未变。

■ 场地地形试题 Ⅱ.3.00

**【试题】**

一、设计条件

某山地地形如图Ⅱ.3.00-1 所示。拟建一条便道由 A 点经 B、C 点到达 D 点，其设计条件为：

1. 便道的坡度≤10%，且不得设置台阶。

2. 顺应地形，土方量最小，线路最短。

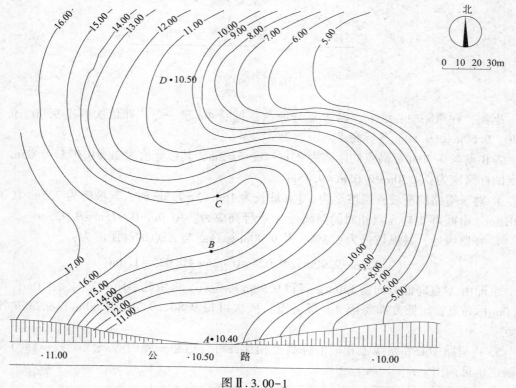

图Ⅱ.3.00-1

二、任务要求

1. 根据设计条件绘制便道的路线，用"———"直线表示。

192

2. 标注便道路线中所有转折点的标高。

3. 标注每个转折点之间的坡向和坡度。

【答案】

如图Ⅱ.3.00-2所示。

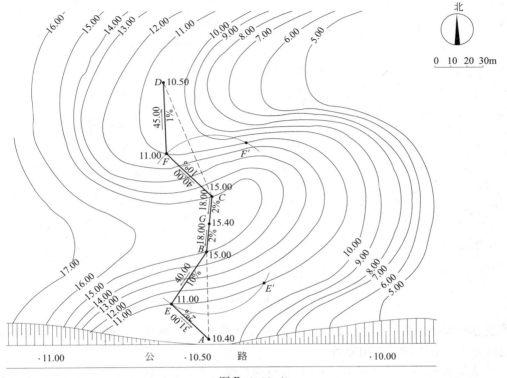

图Ⅱ.3.00-2

【提示】

1.《建筑学场地设计》第1.2.4节指出：为简化设计与实施，在一般情况下，特别是坡度变化较小（即等高线间距均匀）的地段，可以≤5倍等高距设一个路径方向控制点（即每两个路径方向控制点之间可有≤4条等高线）。

故B点和C点分别至11.00等高线之间的路段长度可为4×1m＝40m。据此，分别以B点和C点为圆心，以40m为半径画圆与11.00等高线各自交于E和E′，以及F和F′。其中E′和F′偏离较远，故正确路径应为AEBCFD。

2. BC路段间应以中点为界，分别向两侧作1%的排水坡度（规范要求≤2%）。

【评析与链接】

1. 上述答案的路径简捷明确，便于实施。但并非唯一答案。例如，可以AB和CD间的连线为最短路程的基准线。再以B点和C点为起点，分别以1m÷10%＝10m为半径，依次求出与11.00、12.00、13.00、14.00、15.00等高线的交点，并以是否接近基准线进行取舍，则可求得路径最曲折的答案（图Ⅱ.3.00-3）。

2. 由于限制条件不足，此题实为多解。〈耿长孚编考题〉即将BE和CF之间路径方

图Ⅱ.3.00-3

向控制点的间距，分别以 1 倍和 3 倍等高距（即路长 10m 和 30m）进行组合，又给出两个不同的答案。有兴趣者可阅原著。

3. 无论何种答案，由于 BE 和 CF 路段的长度均为 40m，BC 路段也为定值。故便道的总长度取决于（AE+DF）路段的长度，而该长度又因 E 点和 F 点位置的变动而不同。因此，在无数的答案中，很难迅速判定何者路程最短。

同样，也很难在各答案中迅速判定何者土方量最小。

■ **场地地形试题Ⅱ.3.01**

【试题】

一、设计条件

某用地界线及地形见图Ⅱ.3.01-1。要求在用地中平整出一块 30m×30m 的平地作为建设场地，其条件为：

1. 建设场地的边线与用地界线平行。

2. 土方工程量最省。

3. 建设场地四周做 1：2 护坡，护坡范围线不得超越用地界线。

二、任务要求

1. 在用地平面图内画出建设场地的范围并标注标高。

2. 在建设场地的四周画出护坡。

194

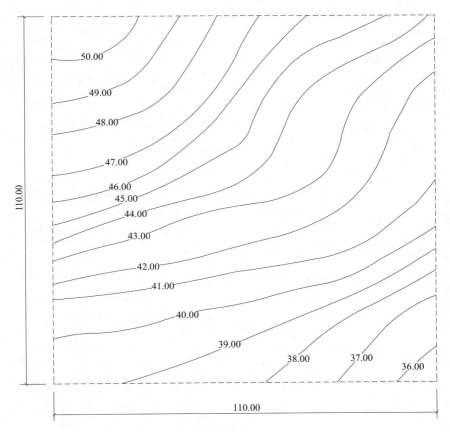

图Ⅱ.3.01-1

【答案】

见图Ⅱ.3.01-2 和图Ⅱ.3.01-3。

【提示】

1. 为减少土方量，建设场地应位于用地脊线上最平坦的地段，即 41.00 至 44.00 等高线间距最稀疏处。且其边线应与用地界线平行，并将东南角置于 41.00 等高线上。

2. 为达到土方就地填挖平衡，建设场地的标高应为 （41.00+44.00）÷2＝42.50。

3. 在 42.00 与 43.00 等高线间绘出 42.50 辅助等高线（即填挖方零线），其与建设场地北界和西界的交点，也即为护坡的变向点。

4. 四周护坡可参照简化截面法（见附录一）求得。其中东北角和西南角处的护坡，因高差极小，近似画出即可。

图Ⅱ.3.01-2

**【链接】**

1.〈陈磊编指南〉在此题的设计条件中已给出建设场地的位置，故不必选址。再根据建设场地四角处的自然地面标高，用内插法求得建设场地的标高为42.40。进而可绘出填挖方零线和护坡变向点的位置。并根据用地平坦的条件，简化了护坡的求法，以及仅用图例表达，与试题图Ⅱ.3.97-2所示相同。

2.〈耿长孚编考题〉与本书此题的设计条件与答案基本相同。仅答案中东南角和西北角护坡转角处的表达不同，且未说明如何求得。

图Ⅱ.3.01-3

# 3.2 2003年及以后的试题

| 书名<br>（简称） | 张清编<br>作图题 | 本书<br>（第Ⅱ篇） | 耿长孚<br>编考题 | 曹伟浚<br>编作图 | 陈磊编<br>指南 | 注册网<br>编作图 | 注册网<br>编题解 | 任乃鑫<br>编作图 | 研究组<br>编作图 |
|---|---|---|---|---|---|---|---|---|---|
| 代号 | ⑧ | ⑨ | ① | ② | ③ | ④ | ⑤ | ⑥ | ⑦ |
| 2003年 | 4.3.3 | Ⅱ.3.03 | V | — | XX | — | X | 同⑤ | — |
| 2004年 | 4.3.4 | Ⅱ.3.04 | V | — | X | — | — | XX | V |
| 2005年 | 4.3.5 | Ⅱ.3.05 | XX | 同① | XX | — | — | X | — |
| 2006年 | 4.3.6 | Ⅱ.3.06 | V | V | XX | V | V | V | — |
| 2007年 | 4.3.7 | Ⅱ.3.07 | V | V | V | V | V | V | — |
| 2008年 | 4.3.8 | Ⅱ.3.08 | X | 同① | XX | — | — | V | — |
| 2009年 | 4.3.9 | Ⅱ.3.09 | X | 同① | X | X | 同④ | 同④ | X |
| 2010年 | 4.3.10 | Ⅱ.3.10 | V | — | V | — | V | V | — |
| 2011年 | 4.3.11 | Ⅱ.3.11 | V | V | V | — | V | V | — |
| 2012年 | 4.3.12 | Ⅱ.3.12 | V | — | XX | — | V | V | — |

| 书名<br>(简称) | 张清编<br>作图题 | 本书<br>(第Ⅱ篇) | 耿长孚<br>编考题 | 曹伟浚<br>编作图 | 陈磊编<br>指南 | 注册网<br>编作图 | 注册网<br>编题解 | 任乃鑫<br>编作图 | 研究组<br>编作图 |
|---|---|---|---|---|---|---|---|---|---|
| 代号 | ⑧ | ⑨ | ① | ② | ③ | ④ | ⑤ | ⑥ | ⑦ |
| 2013 年 | 4.3.13 | Ⅱ.3.13 | V | — | V | — | X | 同⑤ | |
| 2014 年 | 4.3.14 | Ⅱ.3.14 | | | V | — | — | X | |
| 说明 | 试题<br>答案 | 评析<br>链接 | 其他辅导书的同题解答：—无此题　V 相同　X 稍异　XX 不同（X 和 XX<br>者在本书的链接中阐述） | | | | | | |

■ **场地地形试题Ⅱ.3.03**（同〈张清编作图题〉4.3.3）

【评析与链接】

1. 在〈陈磊编指南〉此题的设计条件中，仅给出北侧排水沟宽 2m，但未明确为沟底，故其按沟上沿宽度解答。此外，还将台地的已知标高变更，致使沟底标高不与等高线标高恰好相同。从而难度太大，似无必要。

2. 〈注册网编题解〉和〈任乃鑫编作图〉的答案，在台地的东、西两侧仍画 2m 宽排水沟（且表达错误），不符合"雨水由北侧排水沟拦截并向东、西两侧顺坡排出"的设计要求。也即：东、西两侧只需调整等高线形成自然冲沟排水，不必人工筑沟。

3. 〈耿长孚编考题〉的答案同本书。但指出命题的疏忽：由于给出的北侧排水沟太浅，其沟底标高 98.00 高于台地南端标高 97.9，将导致台地南部 1/4 的面积被淹没，有违设置北侧排水沟截水的目的。为此，该书绘出沟深 0.8m（沟底标高 97.5m）的答案，显然更为合理。

■ **场地地形试题Ⅱ.3.04**（同〈张清编作图题〉4.3.4）

【评析】

1. 应位于西侧路肩外的截水沟，仅给出沟宽，无断面形状和尺寸，且未要求绘制其等高线。故沟壁可视为垂直面，路肩等高线和原自然等高线均至沟壁处截止即可。原地面和西半侧路面的雨水均可直接排入沟中。

2. 但东侧路肩外的自然地面则需平整，以利东半侧路面雨水的排除。为此，原自然等高线应延伸并修改，与东路肩上的同名等高线相连接（参见图Ⅱ.3.04-2），并顺应原地形走势。原题给出的设计条件与任务要求并未考虑此点，系美中不足。

【链接】

1. 图Ⅱ.3.04-1 系〈任乃鑫编模拟题〉同型例题的答案。主要问题有二：其一，道路等高线与自然等高线应同值且连续；其二，设计条件仅给出排洪沟底宽，而无沟深、总沟宽和断面形式，故该处的等高线显然有误。正确答案应如图Ⅱ.3.04-2 所示，其中补充了沟深等设计条件。并应注意下述三点：排水沟等高线的两端应分别与同值的道路及自然等高线相接；其形状取决于排水沟的断面形状与尺寸；其顶点与同值道路等高线端点的距离，可根据沟深和纵坡度求得。详可参阅附录三。

2.〈陈磊编指南〉，除要求绘制主路、路肩、排水沟等高线外，且按实际工程做法，要求绘制路基挖方与填方边坡的等高线。难度极大，已超出命题深度，故不再摘录，可酌情参阅。

场地地形平面1：200

图Ⅱ.3.04-1

图Ⅱ.3.04-2

■ **场地地形试题Ⅱ.3.05**（同〈张清编作图题〉4.3.5）

【评析与链接】

1. 〈耿长孚编考题〉作者指出，由于命题人的疏漏，致使该题的答案主要有两处失误（图Ⅱ.3.05-1），违背工程实践的基本要求。

（1）广场北界最高点 D 的标高为 85.60m，低于道路中心线最高点 C 的标高 85.75m。故道路积水时难免淹没广场。

（2）道路与广场地面的汇水线突入广场，势必造成广场南部地面起伏，影响使用。也与广场纵、横向坡度均为1%的设计条件不符。

2. 该书还提供了另外两个答案（图Ⅱ.3.05-2 和图Ⅱ.3.05-3）。虽然可将汇水线与广场和道路的交界线重合，但仍无法保证广场纵、横向坡度为1%，或道路北侧的横坡为2.5%。且同样也未能改变广场最高点标高低于道路最高点标高的弊端。故均应视为不及格答案。

图Ⅱ.3.05-1

• 广场内纵横坡均不等于1%，且均为变坡度（不及格答案）

图Ⅱ.3.05-2

● 道路北侧横坡不等于2.5%（且横坡和纵坡均为变坡度）道路两侧横坡坡度不相等，不利于行车。

图Ⅱ.3.05-3

3. 综上可知，由于命题的设计条件不够严密，故该题实无正确的答案可寻。其实，如欲改正上述两点失误，只需将设计条件中广场的东西向坡度改为1.5%或者将道路的纵坡改为1%，使二者数值相同即可（图Ⅱ.3.05-4和图Ⅱ.3.05-5）。〈任乃鑫编作图〉的此题即为后者。

● 将广场东西向坡度改为与道路纵坡相同（均为1.5%）

图Ⅱ.3.05-4

● 将道路纵坡改为与广场东西向坡度相同（均为1.0%）

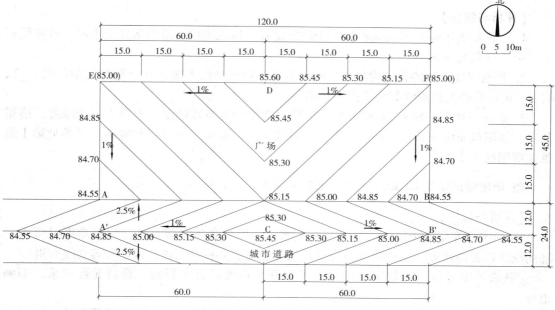

图Ⅱ.3.05-5

4.〈陈磊编指南〉此题的设计条件变化较大，主要是：

（1）广场的纵、横向坡度仅限定为0.3%~1%之间，而非定值。

（2）给出的是道路最高点标高85.70m，而不是广场东北和西北角的标高。

以上变更虽然更接近工程实际，但难度太大、计算复杂，考生不可能在限时内完成。其答案如图Ⅱ.3.05-6所示，有兴趣者可阅读原书，了解其解题步骤。

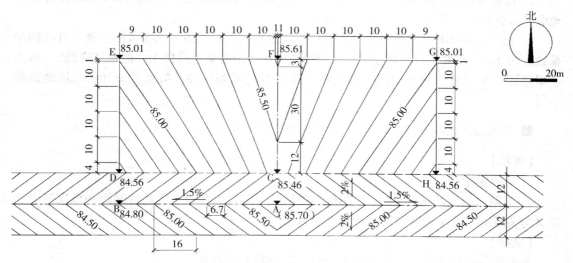

图Ⅱ.3.05-6

■ **场地地形试题 II.3.06**（同〈张清编作图题〉4.3.6）

**【评析与链接】**

1.〈陈磊编指南〉的此题将挖方护坡限定在用地范围内，故答案完全不同。可参见第 I 篇第 3 章例题 3.2.3。

2. 其他应试教材的答案均与本书同。但除〈耿长孚编考题〉和〈曹伟浚编作图〉外，对 A、B 点处护坡范围线如何求得表达不足。

3. 设计条件图中绘有 2m×2m 的方格网，欲便于思考和绘图，但令人眼花缭乱，适得其反。如用截面法或简化截面法求得该护坡范围线，其实更为直接和清晰。可参见第 I 篇第 3 章例题 3.2.2。

■ **场地地形试题 II.3.07**（同〈张清编作图题〉4.3.7）

**【评析与链接】**

1. 不应画等高线转折处的分水线与汇水线，因二者不是等高线。但画草图时可作为辅助线，以提高速度。如画出则应为虚线或点画线，并标注名称，以示与等高线有别。〈耿长孚编考题〉的答案，还绘出了顶部平坦处的分水脊线。题目无此要求，不画也可。

2. 其他辅导书的答案无本质区别，仅给出的外廓尺寸和 A、B 点的位置稍异。

■ **场地地形试题 II.3.08**（同〈张清编作图题〉4.3.8）

**【评析与链接】**

1. 确定等高线间距时应按图 2.2.2-3 所示的规律：与上下相邻等高线形成的夹角应近似相等。

2. 宿舍楼的最小距离应为日照间距，计算时除考虑建筑高度外，尚应增减宿舍室外地面设计标高的差值。

3.〈陈磊编指南〉的此题，等高线形态改变较大，且给出一栋宿舍的位置、日照间距系数改为 2.0、不要求计算坡度 ≥10% 的用地面积。故答案差异极大，但难度降低。〈耿长孚编考题〉和〈曹伟浚编作图〉的此题，仅等高线形态稍异，故坡度 ≥10% 的用地面积不同。

■ **场地地形试题 II.3.09**（同〈张清编作图题〉4.3.9）

**【评析】**

1. 难度适中 ★★★☆☆。

2. 本题与前面的试题 II.3.08 相似。关键是：应对等高距、等高线间距和坡度三者的定义与关系，要有清晰的概念，否则无从入手。

**【链接】**

其他辅导书中的答案与本书基本一致，但尚有如下差别：

1. 范围线或台地尺寸变化。

2. 或位置变动。

3. 要求用图例表示台地边沿何处应设置挡土墙。

■ **场地地形试题Ⅱ.3.10**（同〈张编作图题〉4.3.10）

【评析与链接】

1. 在任务要求中虽然仅需绘制广场东、南、西侧的挡土墙，但在设计条件中并未明确暂不考虑湖滨路的纵、横坡度（即路面与广场平接无高差）。故有的考生在广场与路面交线处仍局部绘有挡土墙，也不能算错。

2. 〈张清编作图题〉的答案，虽已画广场东、南、西三侧的挡土墙图例，但应从填挖方零点为界，分别表示挡土墙的临空面。其他应试教材的答案均正确，仅〈陈磊编指南〉将等高距 0.5m 改为 1.0m。

■ **场地地形试题Ⅱ.3.11**（同〈张清编作图题〉4.3.11）

【评析与链接】

1. 本题答案各书均同。

2. 由于在设计条件图中，未明确标注用地北界的横向坡度。以致有的考生也误按 5% 考虑，故平台（一）、（二）的标高则按高出东北角的标高 0.15m 计算，分别为 101.05 和 101.65（见图Ⅱ.3.11-1），应视为错答。若设计条件图改如图Ⅱ.3.11-2 所示，则可避免误解。

图Ⅱ.3.11-1

图Ⅱ.3.11-2

■ **场地地形试题 Ⅱ.3.12**（同〈张清编作图题〉4.3.12）

**【评析与链接】**

1. 在各辅导书中，该题的设计条件均规定：

（1）南面道路无纵坡。车行道两侧为自然放坡，不考虑道路以外场地的地形处理。

（2）假设地下车库底板与出入口路面标高一致。

（3）距南面车行道外3m设置挡土墙。

（4）〈陈磊编指南〉更补充"不考虑道路横坡"。

上述条件的目的在于：简化设计和计算，以及确保车库底板标高、填方区面积、最大开挖深度和车行道南侧挡土墙高度等四项正确答案的唯一性。

2. 解答本题的关键是首先求得南面车行道的路面标高，其正确答案如图Ⅱ.3.12-1所示。

（1）按常规做法，90°转弯处车行道的内缘应为半径8m的圆弧，外缘应为直角。该处路面标高的控制点为道路中心线的交点B和C，通过简单计算可知C点标高为92.00m。该图以东侧车行道为例，西侧者与其对称，故从略。

（2）根据给出的条件，即知南面车行道和车库底板的标高均为92.00m。由于恰为整数，故可迅速推算出：车库开挖的最大深度为96.50m-92.00m=4.50m、路南挡土墙高度为92.00-89.50m=2.50m。而填挖方的零线也正好位于2号和3号住宅的北墙处，故填方

206

图 Ⅱ.3.12-1

C点标高为

98.35m−(45.00m+82.00m)×5%

=98.35m−127.00m×5%

=98.35m−6.35m=92.00

B点标高为

98.35m−45.00m×5%

=98.35−2.25m=96.10m

面积则为 20m×(3×22m) = 20m×66m = 1320m$^2$。

以上各值与选择题的可选值完全吻合，应正确无误。

应提醒的是，给出的"转弯半径8m"，按规定系指"曲线道路内缘的转弯半径"，如设计条件更明确则更妥当。此值在本答案道路标高的计算中虽未涉及，但在绘图时应正确表达。其最小值：通行小型车为6m、中型车为8～10m（其中普通消防车为9m）、大型车为10.5～12.0m。

3. 此题的另一解答如图Ⅱ.3.12-2所示。与正确答案的不同是：将转弯处道路标高的控制点定在道路中心线曲线与直线的切点（B$_1$和B$_2$、C$_1$和C$_2$），且曲线段与直线段的道路纵坡均为5%。而转弯处道路的外缘可为曲线也可为直线。此做法虽不乏工程实例，但据此求得的南面车行道（即车库底板）标高较零碎（91.93m），从而导致其他各项的计算较为复杂，考生在限时内不可能完成，显然有违命题的初衷。例如：

（1）车库的最大开挖深度增至 96.50m − 91.93m = 4.57m、路南挡土墙高度减至91.93m−989.50m=2.43m。

（2）尤其是因为填挖方零线（91.93m）已不与2号和3号住宅北墙（即自然等线92.00m）重合，故需用插入法求得该线与车库出入口（即2号和3号住宅南墙）的距离

・AC=AB₁+B̂₁B₂+B₂C₁+Ĉ₁C₂

$$AC = AB_1 + \overset{\frown}{B_1B_2} + B_2C_1 + \overset{\frown}{C_1C_2}$$
$$= 35.0m + 10.0m \times 2 \times 3.14 \div 4 + 62.0m + 10.0m \times 2 \times 3.14 \div 4$$
$$= 97.0m + 10.0m \times 3.14 = 128.4m$$

・$C_2$点标高为

$$98.35m - (128.40m \times 5\%) = 98.35m - 6.42m = 91.93m$$

图Ⅱ.3.12-2

为：$(91.93m - 90.50m) \div (92.00m - 90.50m) \times 20m = 1.43m \div 1.50m \times 20m = 19.07m$。则填方面积为 $19.074m \times (3 \times 22m) = 1258.40m^2$。

（3）以上各值均与选择题的可选值不同，理应改弦更张。

4. 〈陈磊编指南〉的答案与图Ⅱ.3.12-2基本相同。但由于将道路"转弯半径8m"改为道路"中心线转弯半径8m"，故答案值稍异。例如：南面车行道（即车库底板）标高增至91.94m、车库最大开挖深度减至4.56m、路南挡土墙高度增至2.44m、填挖零线与车库出入口的距离增至19.20m，故填方面积增至1267.20m²。

此外，在该书答案图3-14中，2号和3号住宅北墙的位置绘制有误，应上移与92.00自然等高线重合。也即与其设计条件附图3-13一致。

5. 其他应试教材的解答均同本书。

■ 场地地形试题Ⅱ.3.13（同〈张清编作图题〉4.3.13）

【评析与链接】

1. 广场的坡度也可用以下求法，更较简单：

已知广场的纵横边界相互垂直，故广场的等高线与边界的夹角为45°（故斜边：对边=1.4：1）。又已算出广场边界上等高线的距离为5m，因此可知：

广场坡度=等高距÷等高线间距

= 0.05m÷（5m÷1.4）

=（5m÷100）×（1.4÷5m）= 1.4÷100 = 1.4%

2. 其他应试教材的答案均同本书。但在〈任乃鑫编模拟题〉和〈注册网编题解〉的答案中，广场边界的坡度 1% 和 B 点的标高 101.60m 均未变。然而 BC 和 CD 的距离分别由 15m 和 20m 增至 45m 和 60m，C 点和 D 点的标高仍为 101.75m 和 101.95m，显然有误。

■ 场地地形试题 II.3.14（同〈张清编作图题〉4.3.14）

【评析与链接】

1. 由于用地东北高西南低，四个住宅场地平台与道路之间必须设置挡土墙。其中以 3 和 4 号住宅场地平台挡土墙的绘制最为复杂，因挡土墙填土侧的方向转换较多，需要首先确定转换点的位置，详见〈张清编作图题〉图 4.3.14（c）。

2. 图 II.3.14-1 为 4 号住宅场地平台东南角处道路等高线和挡土墙的平面图。鉴于设计条件仅规定了道路纵坡为 4%，且不考虑道路横向排水（即路面横向无坡度）。故道路暂按路宽为 4m，以及路缘右转弯半径 6m 绘制。

图 II.3.14-1

其中道路 102.25m 标高等高线的 $N_1N$ 线段，并不垂直于道路的中心线。因此〈张清编作图题〉先在道路中心线上求出标高 102.25m 的 $N_1$ 点，再以此点做道路中心线的垂线与路缘石圆形曲线相交，该点 N 即为挡土墙填土侧的转换点，显然有待商榷。

3. 该处道路等高线的绘制应如图Ⅱ.3.14-2 所示。

（1）连接 OF 与路缘石曲线相交于 Q，则该点为 $\overset{\frown}{PR}$ 的中点，故弧长 $\overset{\frown}{PQ}=\overset{\frown}{QR}$，且该点的标高也为 102.00m。

（2）路缘石曲线段与直线段的切点 R 与路中心上的对应点为 $R_1$，两者的标高均为 $102.00m-8m\times4\%=102.32m$。

道路中心线上 102.00、102.10、102.20、102.30 等高线的间距为 $0.1m\div4\%=2.5m$；102.30 与 102.32 等高线间距为 $(102.32m-102.30m)\div4\%=0.5m$。也即：F、$a_1$、$b_1$、$c_1$ 和 $R_1$ 各点的间距依次为 $2.5/8FR_1$、$2.5/8FR_1$、$2.5/8FR_1$、和 $0.5/8FR_1$，也即 $5/16FR_1$、$5/16FR_1$、$5/16FR_1$、和 $1/16FR_1$。

（3）同理，QR 圆弧上等高线间距 Qa、ab、bc 和 cR 也相应为：$5/16\overset{\frown}{QR_1}$、$5/16\overset{\frown}{QR_1}$、$5/16\overset{\frown}{QR_1}$、和 $1/16\overset{\frown}{QR}$。

（4）同样也可求得 QP 上 d、e、f 等高线点的位置。

图Ⅱ.3.14-2

（单位：m）

4. N 点的定位：

（1）已知 N 点的标高为 102.25m，显然其位置在 $\overset{\frown}{bc}$ 的中点。

（2）由于 N 与 R 点的高差为 102.32m−102.25m＝0.07m，Q 与 R 点的高差为 102.32m−102.00m＝0.32m，故也可直接得知：N 点应在距 R 点 7/32 $\overset{\frown}{QR}$ 处。其近似位置应在 1/4 $\overset{\frown}{QR}$ 至 1/5 $\overset{\frown}{QR}$ 之间。

（3）限于命题深度和解题时间，该题并未要求对 N 点精确定位。因此，作图时近似定位于临近 R 点的 1/4 $\overset{\frown}{QR}$ 处最为简便；或者仍按〈张清编作图题〉的解法，但将 N 点向 R 方向上移，则可避免概念性的错误。

〈耿长孚编考题〉答案中 N 点的定位同〈张清编作图题〉。〈任乃鑫编作图〉的答案，将 N 点定位于距 F 点 10.50m，则该点的路面标高已为 102.00m＋10.50m×4%＝102.00＋0.42m＝102.42m>102.25m，显然有误。〈陈磊编指南〉答案中 N 定位仅为示意。

5. 提示：3 号和 4 号住宅台地高差处的室外挡土墙，不应画入住宅平面内。

# 第4章 场地剖面

## 4.1 2003年以前的试题

场地剖面试题各书解答对照（2003年以前）　　　　表Ⅱ.4.1

| 书名 | 简称 | 本书<br>（第Ⅱ篇） | 耿长孚<br>编考题 | 曹伟浚<br>编作图 | 陈磊<br>编指南 | 注册网<br>编作图 | 注册网<br>编题解 | 任乃鑫<br>编作图 | 研究组<br>编作图 | 张清编<br>作图题 |
|---|---|---|---|---|---|---|---|---|---|---|
| | 代号 | ⑨ | ① | ② | ③ | ④ | ⑤ | ⑥ | ⑦ | ⑧ |
| 年份及<br>题号 | 1994年 | Ⅱ.4.94 | X | — | V | — | — | — | — | — |
| | 1995年 | 停考 | | | | | | | | |
| | 1996年 | Ⅱ.4.96 | — | — | V | — | — | — | V | — |
| | 1997年 | Ⅱ.4.97 | — | — | — | — | — | — | — | — |
| | 1998年 | Ⅱ.4.98 | X | 同① | XX | — | — | X | — | — |
| | 1999年 | Ⅱ.4.99 | V | V | X | X | X | V | — | — |
| | 2000年 | Ⅱ.4.00 | V | — | V | — | — | — | — | — |
| | 2001年 | Ⅱ.4.01 | V | — | V | — | — | V | — | V |
| | 2002年 | 停考 | | | | | | | | |
| 说明 | 试题、答案、<br>评析、链接 | 其他辅导书的同题解答：—无此题　　V相同<br>X稍异　　XX不同（X和XX者在本书的链接中阐述） | | | | | | | | |

■ 场地剖面试题Ⅱ.4.94

【试题】

一、设计条件

1. 某综合楼地上由高层写字楼、公寓和商业裙房组成，地下则为汽车库。场地北高南低，相差约1.8m。

2. 已知四临城市道路的绝对标高，以及写字楼、公寓、商业中心室内地面和汽车库入口的相对标高，如图Ⅱ.4.94-1所示。

3. 写字楼和公寓入口外为广场，其地面的允许坡度为0.3%~1%，入口台阶的步数应尽量少，但不得少于三步。

二、任务要求

1. 在（　　）内标注写字楼和公寓入口台阶起步点（A和B），以及汽车入口处（C）的绝对标高。

2. 确定室内各地面相对标高对应的绝对标高，并填入（　　）内。

3. 补画写字楼和公寓入口台阶的踏步，并标注步数（每步宽×高＝0.3m×0.15m，且暂不考虑外门处室内外地面的高差值）。

图Ⅱ.4.94-1

【答案】

见图Ⅱ.4.94-2。

【考核点】

1. 相对标高与绝对标高的概念；

2. 室内地面标高的确定。

【提示】

1. 场地北高南低，故北侧写字楼的室内外高差越小，南侧公寓的室内外高差才能相应越小，从而减少工程量。即：写字楼北入口台阶起步点（A）的标高应尽量低，但为避免城市道路雨水的流入，A点又必须高于场地北入口的标高（43.55m）。故广场的坡度应取最小值0.3%，则A点的标高应为43.55+23×0.3%＝43.55+0.07＝43.62m。

2. 同理写字楼入口台阶的步数也应取最小值（3步），则其室内地面（±0.00）的绝对标高为43.62+3×0.15＝42.62+0.45＝44.07m，公寓的室内地面（-0.90m）的绝对标高则为44.07-0.9＝43.17m。

地下汽车库入口处（-5.90m）的绝对标高则为44.07-5.9＝38.17m。

3. 为尽量减少公寓入口台阶的步数，其相邻广场的坡度应取最大值（1%），则台阶起步点（B）的标高应为41.80+32×1%＝41.80+0.32＝42.12m。

北 0 10 20 30m

城市支路中心线

公寓楼

商业中心 ±0.00 ▽(44.07)

写字楼 ±0.00 ▽(44.07)

−0.90 ▽(43.17)

入库处地坪 −5.90 ▽(38.17)

C

A (43.62)

B (42.12)

41.90

43.70

41.80

43.55

41.70

43.50

14.50

106.50

15.50

32.00

134.00

23.00

用地红线

图Ⅱ.4.94−2

4. 公寓的室内外高差应为 43.17−42.12=1.05m，则台阶的步数为：

$$1.05÷0.15=7 \text{ 步。}$$

**【评析与链接】**

1. 难度适中★★★☆☆。

2. 本题源自 1994 年辽宁省注册建筑师资格考试的场地作图试题。原题因未限定广场坡度和台阶步数，故答案为浮动的区间值，导致评分困难。〈陈磊编指南〉的此题与本书同。

3. 原题还要求画出汽车坡道和残疾人坡道，但未明确给出附近的现状标高和尺寸，仅能示意表达，无法判断其正确性。如由考生推算，则不可能在限时内完成，更难有唯一的解答，故本题未编入此项内容。

4. 〈耿长孚编考题〉的此题更接近原题，故与本书稍异：如台阶踏步高由 150 改为 120，且写字楼台阶仅设两步，故室内±0.000=43.86，公寓楼台阶相应减为 6 步。另对汽车库坡道和残疾人坡道也给予表达。有兴趣者可参阅。其他应试教材无此题。

【试题】

一、比例：见图Ⅱ.4.96-1（单位：m）。

图Ⅱ.4.96-1

二、设计条件

某单位在坡地上拟建造两幢住宅楼（5层，高15m），室内外高差为0.60m，A点设计标高为50.0m，南北向道路的最大纵坡为8%，矩形排水沟底宽为0.40m，总平面布置及条件如图Ⅱ.4.96-1所示。

三、任务要求

1. 回答问题：

（1）用地坡度大于〔　　〕时，宜规划为台阶式。

A. 7.0%　　　　　　　　B. 8.0%　　　　　　　　C. 9.0%　　　　　　　　D. 10.0%

（2）台阶一的设计地面标高为〔　　〕。

A. 51.0m　　　　　　　　B. 51.9m　　　　　　　　C. 52.0m　　　　　　　　D. 52.2m

（3）台阶二的设计地面标高为〔　　〕。

A. 54.3m　　　　　　　　B. 54.6m　　　　　　　　C. 55.0m　　　　　　　　D. 56.0m

2. 把自然地面平整为两块台地，在总平面图上标出两块台地的设计标高。

3. 在已给的自然地形剖面图位置上，相应绘出设计地面的剖面（含挡土墙、排水沟、住宅楼，剖面均为外轮廓线），并注出场地设计标高。

4. 标注住宅楼室内±0.00标高。

【答案】

1. 作图答案见图Ⅱ.4.96-2。

2. 回答问题：

（1）B　　　　　（2）D　　　　　（3）B

【提示】

1. 绘制自然地形剖面图：在平面图上找出A-A剖面线与自然地形等高线的交点，根据点的高程和等高线的间距，绘出地形剖面线，如图Ⅱ.4.96-1中细实线所示。

2. 推算B、C点的道路标高：根据道路最大纵坡，从A点往北推算。

$$h_B = h_A + l_{AB} \times i_{max} = 50.0 + 24.6 \times 8\% = 51.9m$$

$$h_C = h_B + l_{BC} \times i_{max} = 51.9 + 29.6 \times 8\% = 54.3m$$

3. 确定地面的设计标高：

《城市用地竖向规划规范》第8.0.2条规定：地块的规划高程应比周边道路的最低路段高程高出0.2m以上。

台阶一的设计标高为：51.9+0.30=52.2m；台阶二的设计标高为：54.3+0.30=54.6m。

4. 布置挡土墙：《城市用地竖向规划规范》CJJ83—99规定：

第5.0.3条　挡土墙、护坡与建筑的最小间距应符合下列规定：

（1）居住区内的挡土墙与住宅建筑的间距应满足住宅日照和通风的要求。

（2）高度大于2m的挡土墙和护坡的上缘与建筑间水平距离不应小于3m，其下缘与建筑间的水平距离不应小于2m。

第9.0.3条　相邻台地间高差大于1.5m时，应在挡土墙或坡比值大于0.5的护坡顶加设安全防护设施。

沿台地边缘布置了三条挡土墙，保证土体的稳定。

5. 布置排水沟：在挡土墙下方，布置了两条矩形排水沟，其底宽为 0.4m，排除场地的雨水，如图Ⅱ.4.96-2 所示。

图Ⅱ.4.96-2

**【评析与链接】**

1. 难度适中 ★★★☆☆。

2. 解题的主要思路是：根据南北向道路 *A* 点的标高、道路纵坡度以及距离推算出 *B*、*C* 点的标高，再据此分别确定两个台地的地面设计标高。

3. 仅〈陈磊编指南〉和〈研究组编作图〉有此题目与本书同。

■ 场地剖面试题Ⅱ.4.97

**【试题】**

一、比例：1∶500　见图Ⅱ.4.97-1（单位：m）。

二、设计条件

1. 已知场地平面方格网如图Ⅱ.4.97-1 所示，方格网四角数字为场地标高。

2. 沿河边方格网线 10m 宽留作道路用地。

三、任务要求

1. 按 1-1 剖面线所示位置，画出场地剖面图（1∶500），并注出方格网交点处的标高。

2. 在场地平面图上画出可建场地范围，并用 ▤ 表示（场地坡度小于 1∶1 者为可建用地）。

3. 距可建场地范围线外 3m 处画出挡土墙的平面位置。

**【答案】**

作图答案见图Ⅱ.4.97-2。

场地平面

图Ⅱ.4.97-1

【考核点】

1. 场地坡度；

2. 场地平面方格网；

3. 挡土墙；

4. 场地的可建范围。

【提示】

1. 场地剖面的绘制：按比例量绘和标出方格网交点处的标高（100、101、103m 和 123m），连接各点形成自然地面线。注意标高 103～123m 之间为 45°斜线，并应画出挡土墙剖面示意及该处的落差。

图 Ⅱ.4.97-2

2. 可建场地范围的绘制

（1）距河边方格网线 10m 处，画出道路用地边线，也即左侧的可建场地范围线。

（2）比较相邻方格网交点的标高差是否≥20m（即坡度≥1∶1），则可判断出其他可建场地范围线的位置。其中标高 105~125m 高差处为斜向 45°线。

3. 在平面图上，距右侧可建场地范围线外 3m 处，画出挡土墙位置线。注意在上方与道路用地边线相交处，该线应转折。另外还应注意：挡土墙图例中的"粗断线"应位于标高高的一侧。

【评析】

1. 难度适中 ★★★☆☆。

2. 本题与上题不同处在于：根据平面方格网而不是等高线绘出场地剖面；虽无绘出

场地上空可建范围的内容，但在平面图上绘出可建范围线的要求则较上题稍难。

3. 数据简单明确、绘制方便，题目的设计干净利落。

4. 其他应试教材无此题。

■ 场地剖面试题Ⅱ.4.98

【试题】

一、比例：见图Ⅱ.4.98-1（单位：m）。

场地平面图

1-1剖面图

图Ⅱ.4.98-1

二、设计条件

在沿河坡地上拟建五层疗养楼一栋（层高 3.6m，室内外高差 0.3m），场地平面及已知条件如图Ⅱ.4.98-1 所示。

三、任务要求

1. 场地设计标高应高出设计洪水位标高 0.6m。要求场地填挖方平衡（不考虑建筑物基础、管沟、道路的土方量及松土系数），并确定北边挡土墙的位置。

2. 在平面上画出挡土墙、截洪沟及防洪堤，标注场地设计标高。东、西挡土墙退用地界线 3m，截洪沟距挡土墙顶 2m。

3. 在已给的自然地形（1-1）剖面图上，绘出设计的剖面（含挡土墙、截洪沟、建筑物、道路及防洪堤），并标注场地设计标高。

【答案】

作图答案见图Ⅱ.4.98-2。

【考核点】

1. 土方平衡；

2. 挡土墙；

3. 场地剖面。

【提示】

1. 根据"任务要求 1"和场地自然地形剖面图，场地设计标高应为 60.4m＋0.6m＝61.0m，画出该场地设计地面线，并据此计算出北边挡土墙与 61.00 等高线点的距离 $x$＝15m，以达到填、挖方基本平衡。其计算公式如下：

$$\frac{\frac{1}{5}x \cdot x}{2} = \frac{(61.00 - 58.75) \cdot 20}{2}$$

$$\frac{x^2}{5} = 2.25 \cdot 20$$

$$x^2 = 225$$

$$x = 15m$$

2. 按以下提示补画平面图

（1）根据上述计算，北侧挡土墙距 61.00 等高线点 15m。

（2）东、西侧挡土墙根据"任务要求 2"，距用地界线内侧 3m。

（3）特别应注意，挡土墙图例在零线（61.00 等高线）两边的不同画法（"粗断线"在标高高的一侧），以及挡土墙与道路和防洪堤相接处的表达。

（4）北、东、西三面的截洪沟距挡土墙顶 2m，并排入河道。

3. 按以下提示补画剖面图

（1）对应平面图，在场地设计地面线上加绘建筑物、道路、防洪堤（含护栏）、挡土墙和截洪沟的示意剖面。

（2）标注场地设计标高值 61.00m 和北侧挡土墙及截洪沟的定位尺寸（15m 及 2m）。

【评析】

1. 难度适中 ★★★☆☆。

2. 关键在于根据土方平衡的条件顺利求出北侧挡土墙位置，否则也很难在限时内完成。

场地平面图

1-1剖面图

图Ⅱ.4.98-2

**【链接】**

1.〈陈磊编指南〉例题的答案如图Ⅱ.4.98-3所示。与本书答案有如下不同。

(1)取消了土方平衡的要求,挡土墙及排水沟均按内退地界2m定位。

(2)疗养楼以北的地面有1%的坡度,以此可求出北侧挡土墙脚处的标高。

(3)室内外高差改为0.6m,以便确定道路中心线处的标高。

（a）

（b）

图Ⅱ.4.98-3

（a）场地平面图；（b）1-1 剖面图

（4）设计地面与自然地面高差<1m时不设挡土墙，故东西两侧的挡土墙均止于62m和60m自然等高线处。但该范围内的地面难以处理，故挡土墙仍应至61m等高线处。

2.〈任乃鑫编模拟题〉例题的答案如图Ⅱ.4.98-4所示。与本书答案不同处如下：

场地平面图1:500

场地剖面图1:500

图Ⅱ.4.98-4

（1）改变了已知的标高数值，但题意基本未变。

（2）未限定东西两侧挡土墙的位置，故距疗养楼山墙≥2m即可，过于随意。

（3）截水沟距北侧挡土墙2m，应系指水平距离。现理解为在高于挡土墙顶标高2m处，故已在地界之外。

（4）给出的标高系统比本书高10m。

3.〈耿长孚编考题〉和〈曹伟浚编作图〉的答案，还加绘了室外场地的地面坡度与坡向，致使标高表达较复杂。基本如图Ⅱ.4.98-4所示，但标高系统同本书。

■ 场地剖面试题Ⅱ.4.99

【试题】

一、比例：见图Ⅱ.4.99-1（单位：m）。

二、设计条件

1. 已建高层建筑与城市道路间为建筑用地，其剖面及尺寸如图Ⅱ.4.99-1所示。

图Ⅱ.4.99-1

2. 已建高层建筑位于场地南侧。

3. 拟建建筑高45m，其中10m高度以下为裙房商场（退道路红线5m），10~27m高度内为办公，27~45m高度内为住宅，均退道路红线17m。

4. 城市规划要求，沿街建筑高度不得超过以道路中心为原点的45°控制线。

225

5. 当地住宅的日照间距为 1 : 1（从楼面算起）。

6. 与已建高层建筑之间还应满足防火间距的要求（按相对外墙均开窗考虑）。

三、任务要求

1. 在已给的剖面图上画出场地的最大可建范围断面，住宅用  表示，办公用 ▦ 表示，商场用 ▤ 表示。

2. 同时注出与已建高层建筑及道路红线之间的有关间距尺寸和高度尺寸。

【答案】

作图答案见图Ⅱ.4.99-2。

图Ⅱ.4.99-2

【考核点】

1. 防火间距；

2. 日照间距；

3. 沿街建筑的高度控制线；

4. 建筑与道路红线的关系。

【提示】

1. 根据"设计条件 1、3、6"和《高层民用建筑设计防火规范》第 4.2.1 条，商场屋面线距地面高度为 10m，商场北界距道路红线 5m，南界距已建高层建筑 9m。

2. 同理，可在距地面 27m 处画出办公层屋面线，办公层北界距道路红线 17m，南界与已建高层建筑的间距为 13m。

3. 根据"设计条件 1、3、4、5、6",距办公层屋面线 18m 处为住宅层屋面线,住宅层北界距道路红线 17m,二者与 45°高度控制线相交。已建高层建筑对住宅的日照遮挡高度为 18m,故住宅层南界距已建高层建筑亦为 18m。

【评析】

1. 难度适中 ★★★☆☆。

2. 本题答案易错处有二(图Ⅱ.4.99-3):拟建高层建筑主体的 24m 以下部分(①区),不应执行多层或高层裙房的防火间距值(9m),故①区不应计入可建范围内;②区南缘垂直段(A 段)楼层虽然满足日照和防火间距,但南缘下斜段(B 段)楼层却无日照,故②区不应计入可建范围内。

图Ⅱ.4.99-3

【链接】

其他应试教材的解答与本书分别有以下差异:

1. 取消了 45°规划限高控制线的要求,故拟建建筑沿街上部无斜角。

2. 增大了日照间距系数,故拟建的住宅楼层与已建住宅的间距变大。

3. 将拟建办公楼层 24m 以下部分,与已建住宅的防火间距减为 9m。但该楼层属于高层建筑的主体而非裙房,故仍应为 13m。

## ■ 场地剖面试题 Ⅱ.4.00

**【试题】**

**一、设计条件**

1. 某场地剖面见图 Ⅱ.4.00-1，拟在已建办公楼北侧新建办公楼和住宅楼各一栋，新建办公楼及住宅楼剖面见图 Ⅱ.4.00-2。

2. 已建及新建建筑均为等长条形建筑，建筑方位均为正南北，并按行列式排列。

3. 当地住宅日照间距系数为 1∶1.5。

**二、任务要求**

1. 在满足消防及日照条件下布置新建建筑，并要求三栋建筑占地最少。

2. 标注场地剖面中各建筑物的水平距离。

图 Ⅱ.4.00-1

拟建住宅楼剖面　　　　　拟建办公楼剖面

图 Ⅱ.4.00-2

**【答案及提示】**

见图 Ⅱ.4.00-3 和图 Ⅱ.4.00-4。

**【评析与链接】**

1. 难度适中 ★★★☆☆。

2. 两栋新建建筑的相对位置只有两种组合，同时再考虑日照间距、防火间距和功能要求，即可画出草图，正确答案则一目了然。

3. 其他应试教材的此题均同本书。

图Ⅱ.4.00-3（正确答案）

图Ⅱ.4.00-4（错误答案）

■ 场地剖面试题Ⅱ.4.01

【试题】

一、设计条件

某地下车库出入口外为一台地，其自然地形剖面如图Ⅱ.4.01-1所示。拟在用地范围内设置直线型汽车坡道，且要求填挖方平衡和土方量最小。

二、任务要求

绘出汽车坡道的剖面，标注各段的长度、高度、纵坡度和关键标高。

【考核点】

1. 汽车库坡道的最大纵坡度及缓坡段的设置；

2. 土方平衡和土方量的比较。

【答案及提示】

1. 答案见图Ⅱ.4.01-2。

229

图Ⅱ.4.01-1

图Ⅱ.4.01-2

2. 首先应选择以自然地形斜坡的中点为土方平衡的零点（填、挖方区的高度均为 6m÷2＝3m），再取汽车坡道为最大纵坡 15% 进行计算，才能确保其土方量平衡和最小。

3. 规范规定：汽车坡道纵坡度>10%时，坡道的上下端均应设缓坡段。当为直线型坡道时，该缓坡段的坡度应为主坡段的 1/2，其长度应≥3.6m。据此，可知上、下缓坡段的高度应为：3.6m×（15%÷2）＝ 3.6m×7.5%＝0.27m，变坡点的标高分别为-0.27m 和-5.73m。

4. 填挖方区 15%坡度主坡段的长度则均为：（3.0-0.27）÷15%＝2.73÷15%＝18.2（m）。

**【评析与链接】**

1. 难度适中 ★★★☆☆。

2. 〈陈磊编指南〉中的此题，还绘出了缓坡段为曲线型的解答，与设计条件矛盾。且计算和绘制复杂，难度太大。

3. 〈耿长孚编考题〉对此题则增加了两个解答：

（1）全坡道均为 12%坡度的及格答案，但与设置缓坡段的规定不符，似不可取。

（2）用平面作图法作出的解答，但实为缓坡段为曲线型时的答案，与"正确答案"并不对应，且有违题意，也不可取。

（3）该书的"正确答案"中，缓坡段的长度与坡度无误，但高度 0.22 有误，应为 0.27。相应之标高−0.22 和−5.78 也应为−0.27 和−5.73。

# 4.2　2003 年及以后的试题

场地剖面试题各书解答对照（2003 年及以后）　　　　　表 Ⅱ.4.2

| 书名（简称） | 张清编作图题 | 本书（第Ⅱ篇） | 耿长孚编考题 | 曹伟浚编作图 | 陈磊编指南 | 注册网编作图 | 注册网编题解 | 任乃鑫编作图 | 研究组编作图 |
|---|---|---|---|---|---|---|---|---|---|
| 代号 | ⑧ | ⑨ | ① | ② | ③ | ④ | ⑤ | ⑥ | ⑦ |
| 2003 年 | 未考此类题 | | | | | | | | |
| 2004 年 | 2.4.3 | Ⅱ.4.04 | V | — | V | — | V | V | — |
| 2005 年 | 2.4.4 | Ⅱ.4.05 | V | V | V | — | V | V | — |
| 2006 年 | 2.4.5 | Ⅱ.4.06 | X | 同① | V | X | 同④ | 同④ | — |
| 2007 年 | 2.4.6 | Ⅱ.4.07 | V | V | V | X | V | 同④ | V |
| 2008 年 | 2.4.7 | Ⅱ.4.08 | V | V | X | X | 同④ | 同④ | — |
| 2009 年 | 2.4.8 | Ⅱ.4.09 | X | 同① | 同① | X | 同④ | 同④ | — |
| 2010 年 | 2.4.9 | Ⅱ.4.10 | XX | | V | — | V | V | — |
| 2011 年 | 2.4.10 | Ⅱ.4.11 | V | — | V | — | V | V | — |
| 2012 年 | 2.4.11 | Ⅱ.4.12 | V | — | V | V | V | V | — |
| 2013 年 | 2.4.12 | Ⅱ.4.13 | V | — | V | — | V | V | — |
| 2014 年 | 2.4.13 | Ⅱ.4.14 | X | — | 同① | — | — | 同① | — |
| | | | | | | | | | |
| 说明 | 试题答案 | 评析链接 | 其他辅导书的同题解答：— 无此题　　V 相同　　X 稍异　　XX 不同（X 和 XX 者在本书的链接中阐述） | | | | | | |

■ **场地剖面试题 Ⅱ.4.04**（同〈张清编作图题〉2.4.3）

【评析与链接】

1. 三栋拟建建筑的位置共有 6 种排列组合，只有首先确定高层住宅位于最北侧，才能减为 2 种，从而迅速获得正确答案。否则在限时内很难完成。

2. 其他辅导书的答案均同。

〈耿长孚编考题〉作者从实际工程出发，提出尚应"考虑计入北端建筑的日照影响区长度"，但势必更加复杂。故在设计条件中应明确不考虑此因素，既可提示考生，又可简化试题。

■ **场地剖面试题Ⅱ.4.05**（同〈张清编作图题〉2.4.4）

【评析与链接】

1. 难度适中 ★★★☆☆。

2. 两个答案分别以日照间距和防火间距为主要考核点，集中而明确。给出的数据均较规整，运算简单。

3. 其他辅导书均与本题相同。

■ **场地剖面试题Ⅱ.4.06**（同〈张清编作图题〉2.4.5）

【评析与链接】

1. 难度适中 ★★★☆☆。

2. 如误将北侧10层住宅归入低层建筑，则与其相关的防火间距均错。

3. 拟建商住楼为高层建筑，故其2层和3层与已建住宅的间距应为防火间距13m。

4. 该书对商住楼每层与已建住宅的日照间距均进行计算，不如画日照线解题更简单明了。其他辅导书仅将已建建筑的间距减为68.6m或69.6m，故商住楼顶层进深相应减至11.0m或12.0m，别无他异。

■ **场地剖面试题Ⅱ.4.07**（同〈张清编作图题〉2.4.6）

【评析与链接】

1. 解题的关键在于：根据经验或直觉迅速确定拟建台地的标高和水平位置，以满足土方量最小且就地平衡的要求。

2. 欲证明该结论，数学运算颇为繁杂，在限时很难完成。因为必须证明以下两点：

（1）只有当拟台地标高为52.00时，土方量才最小，且就地平衡，其解答见图Ⅱ.4.07-1。

（2）拟建台地标高为52.00时，也只有当20m宽的该台地位于坡地中间，且两端各距坡顶和坡底10m时，土方量才最小，且就地平衡。其解答见图Ⅱ.4.07-2。

由于拟建建筑宽10m，且与挡土墙上、下沿的净距应分别≥3m和2m，故52.00标高台地的最小宽度应≥15m（10m+3m+2m）。也即图4.2.7-2中的 $x \leqslant 12.5$m（20m-15m÷2）。

3. 当要求土方量最小且就地平衡时，该题的唯一正确答案（A）如图Ⅱ.4.07-3所示，多数辅导书均同。其拟建建筑与原有建筑（A）的最小距离为18m。

图Ⅱ.4.07-4所示答案（B）的此值虽为16m，但根据图Ⅱ.4.07-2（A），其土方量应为：

$8^2 \div 5 - 4 \times 8 + 40 = 12.8 - 32 + 40 = 20.8$（m³），该值大于答案（A）的20m³，故实为错答。

同样，图Ⅱ.4.07-5所示答案（C）的此值也为16m，但根据图Ⅱ.4.07-2（B），可知其土方量为最大值40m³，故也为错答。〈注册网编作图〉即为此答案。

A 填挖土方量共计（m³）

$$V_y = \frac{y}{2} \times 5y + (2 - \frac{y}{2}) \times (20 - 5y)$$

$$= \frac{5}{2}y^2 + (2 - \frac{y}{2}) \times 20 - (2 - \frac{y}{2}) \times 5y$$

$$= \frac{5}{2}y^2 + 40 - 10y - 10y + \frac{5}{2}y^2 = 5y^2 - 20y + 40$$

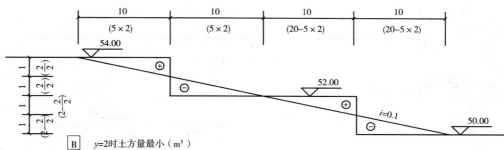

B y=2时土方量最小（m³）

$$V_2 = 5 \times 2^2 - 20 \times 2 + 40 = 20 - 40 + 40 = 20$$

C y=0或y=4时土方量最大（m³）

$$V_0 = 0 - 0 + 40 = 40 \qquad V_4 = 5 \times 4^2 - 20 \times 4 + 40 = 80 - 80 + 40 = 40$$

且为二阶台地，不符合设计要求，故0＜y＜4

图Ⅱ.4.07-1

$(0 \leqslant x \leqslant 12.5)$

A 填挖土方量共计（m³）

$$V_x = \frac{x}{10} \times x + (2 - \frac{x}{10}) \times (20-x)$$

$$= \frac{x^2}{10} + (2 - \frac{x}{10}) \times 20 - (2 - \frac{x}{10}) \times x = \frac{x^2}{10} + 40 - 2x - 2x + \frac{x^2}{10} = \frac{x^2}{5} - 4x + 40$$

B x=0时土方量最大（m³）　　$V_0 = 0 - 0 + 40 = 40$

C x=10m时土方量最小（m³）　　$V_{10} = \frac{10^2}{5} - 40 + 40 = 20$

图 Ⅱ.4.07-2

234

图Ⅱ.4.07-3（答案 A）

图Ⅱ.4.07-4（答案 B）

图Ⅱ.4.07-5（答案 C）

■ **场地剖面试题Ⅱ.4.08**（同〈张清编作图题〉2.4.7）

**【评析与链接】**

1. 其他辅导书的答案基本相同。拟建建筑剖面的最大可建范围，仅宽度因给出的场地尺寸不同而有别，最高点因有无限高而异。

2. 在各辅导书的答案中，拟建建筑北墙的高度均相同，其原因如下：

（1）〈陈磊编指南〉将学校的日照间距系数改为街道限高的长宽比（仍为 1∶2）。故拟建建筑北墙的高度仍为 88m÷2＝44m（图Ⅱ.4.08-1）。

（2）另有三册辅导书将学校日照间距系数改为 1.5，但学校与拟建建筑的间距也从 88m 减至 66m，故拟建建筑北墙的高度仍为 66m÷1.5＝44m（图Ⅱ.4.08-2）。

図 II.4.08-2

■ **场地剖面试题 II.4.09**（同〈张清编作图题〉2.4.8）

【评析】

1. 难度适中 ★★★☆☆。

2. 本题考查了围墙距路缘的最小值，该值恰与人行道的最小宽度相同，可供人行、绿化或埋设管线之需。

3. 求商场南侧增建护坡的坡长，实际是解一道简单的几何题。设新增 1:1 护坡顶点 M 至与原有 1:2 护坡的交点 N 之间的水平距离为 x，则 M 与 N 点的垂直距离也为 x，进而可知：

$2x = 7 + x$ 即 $x = 7$（m）。而〈张清编作图题〉此处有误。

【链接】

1. 其他辅导书中的答案，由于给出的设计数据稍异（如日照间距系数、商场的高度和进深、拟建高层住宅的进深等），致使答案的距离尺寸彼此不同。还有的商场位置也未给定，但基本题意未变，故无需图示。

2. 有的辅导书还给出围墙厚度 0.3m，且围墙与路缘的距离取围墙中心线，似无必要。因规范并未明确此点，一般多取围墙面与路缘的净距。还有的场地尺寸仍以毫米为单位，有悖于制图规定。

■ **场地剖面试题 II.4.10**（同〈张清编作图题〉2.4.9）

【评析与链接】

1. 难度较大 ★★★★☆。

2. 如不能很快判定 9 层住宅应沿城市道路布置，则很难在限时内完成。〈耿长孚编考题〉的答案即将 11 层住宅沿街布置致使改建商店与其贴建，显然有违题意。

3. 9 层住宅的定位，如取其与已建住宅的日照间距（40.5m），则其距道路红线为 40.5m−18m−15m = 7.5m < 11.5m（正确答案值）、距商店增至 30m−7.5m−11m = 11.5m。但有违设计条件，仍应视为错误答案。

4. 如允许会所可以位于古树与 11 层住宅之间，则 11 层住宅与 9 层住宅的间距由日照控制（33m×1.5m＝49.5m），会所与11层住宅的防火间距和日照间距（6.0m×1.5）均为9m，会所距古树12m。详见图Ⅱ.4.10。

5. 其他辅导书中此题基本相同，但道路红线宽度和已知建筑的间距有变化，故答案仅数值有异。

图Ⅱ.4.10

■ **场地剖面试题Ⅱ.4.11**（同〈张清编作图题〉2.4.10）

【评析与链接】

1. 难度适中 ★★★☆☆。

2. 如仅将"建筑限高45m"改为"应使内院最大"，而其他条件不变，则答案如图Ⅱ.4.11-1所示。其解题步骤如下：

图Ⅱ.4.11-1

（1）欲使内院最大则应将拟建商住楼位于距道路红线15m处，其与已建商住楼的间距则为15m＋18m＋15m＝48m。根据日照间距系数，可知拟建商住楼住宅部分的最大高度为48m÷1.5＝32m。已知层高3m，则其层数应为10层但尚余2m，故应增至11层，其高度为3m×11＝33m。其与已建商住楼的间距增至33m÷1.5＝49.5m，即拟建商住楼距道路红线增至16.5m，其总层数为11层＋2层＝13层。

（2）拟建住宅楼与拟建商住楼的距离则为：

114m-9m-15m×2-16.5m=58.5m。拟建住宅 9m 以上的高度则为 58.5m÷1.5=39m，即 39÷3=13（层），故拟建住宅楼的总层数应为 13 层+3 层=16 层。

3. 如将"建筑限高"和"内院最大"两项设计条件均取消（其他条件不变），则"内院最小"的答案如图Ⅱ.4.11-2所示。将该图与图Ⅱ.4.11-1和答案对照分析，可知拟建住宅楼和商住楼的总层数（29层）和总高度（90m）为定值。只要将拟建住宅楼增加一层，拟建商住楼相应减少一层，并将其位置向道路方向移动 3m×1.5=4.5m，即可获得一组新的位置组合。也即答案的多解为：5层+24层（内院最小）、6层+23层、7层+22层、8层+21层……14层+15层、15层+14层（建筑限高45m）、16层+13层（内院最大）。

综上所述，为了确保正确答案的唯一性，无论是命题人还是应试者，对设计条件的设置均应高度审视，否则将失之毫厘，谬之千里！

4. 其他辅导书的该题与本书同。

图Ⅱ.4.11-2

■ **场地剖面试题Ⅱ.4.12**（同〈张清编作图题〉2.4.11）

【评析与链接】

1. 〈张清编作图题〉在解题方法中指出：由于通视线与日照线交点的高度 CD=21m，故拟建商场只能为四层的多层建筑。但未证明该高度如何求得，现补充计算，如图Ⅱ.4.12-1所示。

2. 〈陈磊编指南〉则根据拟建商场四层屋面距通视线与日照线交点的高度 cd=3.357m（≈3.4m）<商场的层高 4.5m，从而证明拟建商场为四层的多层建筑。但也未证明该值如何求得。现补充如图Ⅱ.4.12-2所示。

3. 综上可知，为证明拟建商场只能为四层的多层建筑，计算过程均较复杂，导致该题很难在限时内完成。

而且，如此严谨的思考与表达，也不一定是命题人的意图。因为在该题的任务要求

図Ⅱ.4.12-1

図Ⅱ.4.12-2

中，只需"绘出拟建商场剖面的最大可建范围，标注相关尺寸及建筑层数，计算出一、二层剖面面积"。因此，在有的辅导书中，仅标注拟建商场的层高 4.5m、一和二层的剖面尺寸 41m、距人行道 15m 和距已建住宅 9m，并从绘图中确定商场只能为四层的多层建筑，从而对选择题也可正确回答，在限时内迅速完成，且基本不失分。

4. 其他各书与本题解答均同。

■ **场地剖面试题 Ⅱ.4.13**（同〈张清编作图题〉2.4.12）

【评析与链接】

1. 如将服务楼沿护坡布置，虽然两栋公寓楼间的内院可达 66m，但大部分在阴影区内，日照条件较差，不合题意，应视为错答。

2. 各书本题解答均同。

3. 提示：剖面图中不应画指北针。〈张清编作图题〉和〈任乃鑫编作图〉均有此疏忽。

■ **场地剖面试题 Ⅱ.4.14**（同〈张清编作图题〉2.4.13）

【评析与链接】

1. 由于拟建的贵宾和普通病房楼均有日照要求，故在限定的用地内，多层的贵宾病房楼应位于高层的普通病房的南侧，二者的日照间距才能最小。

2. 据此，高层的普通病房与保留的门、急诊楼的间距也应取最小值，然后该楼与老年公寓的距离则为二者日照间距的最大值，从而反算出该楼允许的最大高度和层数。

问题在于，高层普通病房楼与多层门、急诊楼的间距，根据《医设规》第 4.2.6 条的规定，应为 12m，而不是《建规》相应规定的防火间距 9m。而〈张清编作图题〉的答案正是采用了后者，导致选择题 2 错答。但无论该间距为 12m 或 9m，普通病房楼的最大可建高度仍均为 45.5m（11 层），因如为 12 层（49.5m）则对老年公寓有日照遮挡。

3. 根据设计条件，多层贵宾病房楼最少应退场地变坡点 5m。定位后再验证该楼与普通病房楼的最小日照间距应为（16.0m−5.5m）×2＝21m，实际可达 22m。如普通病房楼与门、急诊楼的间距选为 9m，则增至 25m，但应视为错答。

4. 其他辅导书本题的答案均如图 Ⅱ.4.14 所示。

图 Ⅱ.4.14（摘自〈陈磊编指南〉）

《医设规》第 4.2.6 条规定："病房建筑的前后间距应满足日照和卫生要求，且不宜小于 12m"。为较生僻条文，故在本试题的设计条件中应给出为好。

# 第5章 停 车 场

## 5.1 2003年以前的试题

**停车场试题各书解答对照（2003年以前）**　　　　　　　　表Ⅱ.5.1

| 书名 | 简称 | 本书<br>（第Ⅱ篇） | 耿长孚<br>编考题 | 曹伟浚<br>编作图 | 陈磊<br>编指南 | 注册网<br>编作图 | 注册网<br>编题解 | 任乃鑫<br>编作图 | 研究组<br>编作图 | 张清编<br>作图题 |
|---|---|---|---|---|---|---|---|---|---|---|
| | 代号 | ⑨ | ① | ② | ③ | ④ | ⑤ | ⑥ | ⑦ | ⑧ |
| 年份及<br>题号 | 1994年 | Ⅱ.5.94 | X | — | X | — | — | — | — | — |
| | 1995年 | 停考 | | | | | | | | |
| | 1996年 | Ⅱ.5.96 | — | — | — | — | — | — | — | — |
| | 1997年 | Ⅱ.5.97 | — | — | — | — | — | — | — | — |
| | 1998年 | Ⅱ.5.98 | X | 同① | X | — | — | — | — | — |
| | 1999年 | Ⅱ.5.99 | X | X | — | — | — | X | — | — |
| | 2000年 | Ⅱ.5.00 | V | — | — | — | — | — | — | — |
| | 2001年 | Ⅱ.5.01 | XX | — | X | — | — | X | — | X |
| | 2002年 | 停考 | | | | | | | | |
| 说明 | 试题、答案、<br>评析、链接 | 其他辅导书的同题解答：— 无此题　V 相同　　X 稍异　　XX 不同（X 和 XX<br>者在本书的链接中阐述） | | | | | | | | |

### ■ 停车场试题Ⅱ.5.94

【试题】

一、比例：见图Ⅱ.5.94-1（单位：m）。

二、设计条件

1. 某居住区计划建出租汽车站，有两处同等面积的站址可供布置。要求露天停车场的车位不小于100个，每个停车位宽2.8m，长6.0m。停车场内车行道宽7.0m，并应贯通。

2. 沿用地界线周边后退留出1.5m宽的绿化带（不含进出站的道路部分），当两停车带背靠背布置时，停车带之间也应留出不小于1.5m宽的绿化带。

3. 停车场入口处设管理室（长×宽＝5m×5m）和候车室（长×宽＝10m×5m）各一栋。

4. 场地四周确定了6点设计控制标高，如图Ⅱ.5.94所示。

三、任务要求

1. 选择一个你认为正确的站址进行布置（如两个站址同时作图，则答案无效）。

图Ⅱ.5.94-1

2. 绘出停车场布置图，表示出停车带（不必画出车位，标出停车数即可）、车行道、绿化带、管理室和候车室的位置，以及相关尺寸。

3. 根据设计控制标高，绘出停车场内场地平整后的设计等高线（等高距为 0.1m）并定出雨水井的位置。

【答案】

作图答案见图Ⅱ.5.94-2。

【考核点】

1. 停车场的选址及出入口的数量；

2. 停车带与车行道的布置，以及停车数量；

3. 绿化带及附属用房的布置；

4. 场地坡度及雨水的排除。

图Ⅱ.5.94-2

**【提示】**

1. 停车数量要求不少于 100 个，属于中型停车场（51~300 个）。

2. 据此，停车场出入口应设两个，且不应该直接与城市主干道相连接，也即场址应选择与支路相临者。

3. 场内车行道呈"口"字形环路，顺畅方便，以两侧停车为主，利用率高，停车数量最多。按"设计条件1"绘制车行道和各停车带，并标注相关的长、宽尺寸及停车数量。

4. 根据"设计条件2、3"同时绘制绿化带和在一个出口处布置管理室和候车室各一栋。

5. 绘制场地设计等高线：

（1）分析已知的 6 个设计控制标高，可知场地由西北和西南坡向东侧中部。

（2）在场地四周用地界线和标高 99.80m 与 99.40m 连线（即汇水线）上，按 0.1m 等高距，分别量出标高 99.50、99.60、99.70、99.80m 及 99.90m 各标高点。

（3）连接上述同值标高点，则可得设计等高线。

6. 雨水井的定位：雨水井应位于场地汇水线的最低处，并考虑中间有绿化带阻隔，因此，应在标高 99.40m 和 99.60m 处分设两个雨水井。

【评析】

1. 难度适中 ★★★☆☆。

2. 本题系 "1994 年辽宁省注册建筑师资格试点考试" 的试题。考核点偏多、数据较零碎（如标高和车位宽），故在限时内难以完成。

【链接】

其他应试教材与本书答案主要有两点不同：

1. 多布置一栋管理室，故南停车带减少两个车位。

2. 候车室与车位间也布置不小于 1.5m 的绿化，故东停车带减少一个车位。

## ■ 停车场试题 Ⅱ.5.96

【试题】

一、比例：见图Ⅱ.5.96-1（单位：m）。

场地平面图

图Ⅱ.5.96-1

247

二、设计条件

1. 某写字楼出入口外设停车场一座，如图Ⅱ.5.96-1所示。

2. 要求停车位不少于57个，其中残疾人停车位不少于4个。每个停车位宽3m，长6m，残疾人停车位的一侧应设1.5m宽的轮椅通道（也可两个车位共用一条轮椅通道）。场内车行道宽7m，要求贯通。一律采用垂直方式停车。

3. 沿用地界线周边至少留出1.5m宽绿化带（残疾人停车处不设），当两停车带背靠背时，停车带间也应留出1.5m宽的绿化带。

三、任务要求

1. 绘出停车场出入口与已有场外车行道相连接。

2. 绘出停车场内各停车带的位置，注出相关尺寸和停车数量（可不绘停车线），以及总停车数量。

3. 绘出绿化带，用 ▨ 表示，并标注宽度。

【答案】

作图答案见图Ⅱ.5.96-2。

场地平面图

停车位共计59辆

图Ⅱ.5.96-2

248

【考核点】

1. 停车场出入口的数量与位置；

2. 停车带与行车道的布置，以及停车数量；

3. 残疾人车位的布置；

4. 绿化带的布置。

【提示】

1. 要求停车位不少于57个，属于中型停车场（51~300个），因此应设两个出入口。

2. 场内行车道呈"口字形"，通达顺畅，便于寻找空车位和车辆进出，同时利于两侧停车，以争取最多车位。出入口的位置以场内行车道延伸与场外道路相连最为合理，据此可判断出以下几点：

（1）西行车道向北延伸有保留树木阻挡，故不可能设出入口。

（2）北行道向西侧延伸可设出入口，但场外临弯道，行车不畅，故不可取。

（3）东、南行车道分别向北、西延伸，显然最为合理。

（4）保留树木东侧虽然也可设第二出入口（仍可保持与出入口有大于15m的净距），但场内外均需连续转弯行车，也非最佳方案。

3. 残疾人停车带应位于停车场西入口的北侧，以保证背靠场外人行道和最接近建筑物出入口。但两个残疾人停车位必须共用一条轮椅通道，并且在残疾人停车位的后端不设绿化带，才能使停车场南、西两边的长度（57.5m和31.0m）得以充分利用，从而达到最多的停车位数（59个），同时残疾人停车位的布置也最合理。

【评析与链接】

1. 难度适中 ★★★☆☆。

2. 残疾人车位必须在该处才能布置59个车位。如改为普通停车位，其后要增加1.5m宽绿化带，致使中心停车带减少两个车位。

3. 树冠投影范围内不能布置停车位，源自美国试题，不知为何？

4. 其他应试教材无本题。

■ 停车场试题 Ⅱ.5.97

【试题】

一、设计条件

1. 某城市拟建停车场，有三处场址可供选择（见图Ⅱ.5.97-1）。要求停车位>100个，采用垂直停车方式，车位尺寸为3m×6m。场内行车道及出入口宽度均为7m，并应贯通。

2. 在沿地界内侧和背对背停车带之间均布置不小于2m的绿化带。

3. 设6m×6m管理室1栋。

二、任务要求

1. 只能选择一处正确的场址。

2. 绘制该停车场的平面布置图，应表示停车带（不必画停车位，标出停车数量即可）、行车道、入口、出口、绿化带（用细斜线填充）和管理室，并标注相关尺寸。

3. 回答问题

（1）停车场的出入口数量为 ［　　　］个。

图 Ⅱ.5.97-1

A. 1          B. 2          C. 3

（2）出入口距主干道交叉口红线的距离为 [     ] m。

A. 70          B. 80          C. 90

（3）停车位数量为 [     ] 个。

A. 143          B. 146          C. 150

【答案】

1. 作图答案见图 Ⅱ.5.97-2。

图 II 5.97-2

共计：146个

管理

入口

出口

251

2. 问题答案：（1）B　　　（2）B　　　（3）B

【提示】

1. 出入口数量：因停车位>50个，故应设两个（见第Ⅰ篇表5-1）。

2. 场址选择

（1）B地块长和宽均<80m，其停车场出入口距主干道交叉口必然<80m，不符合规定（见第Ⅰ篇表5-1），故不可取。

（2）A地块停车场的两个出入口均可开向次干道，但距人行天桥均<50m，不符合规范规定（见表5-1），故也不可取。

（3）C地块临次干道，且停车场的出入口距主干道交叉口可≥80m，故应选址于此处。

3. 停车带的布置

（1）先画无悬念的北停车带和西停车带。

（2）再画南停车带：先确定入口（距主干道交叉口80m）和出口的位置。停车带则可随后定位，其中管理室应位于出口车辆前进方向的左侧。

（3）对应画中间停车带。因该为停车带车位>50个，根据《停车库、修车库、停车场设计防火规范》第4.2.12条，应分为间距≥6m的两组。该间距宜与入口对位，宽度也取7m，以便于行车。

（4）东停车带只能布置8个车位，否则东南斜角处绿化带的最窄点将<2m。

【评析与链接】

1. 难度较大 ★★★☆。

2. 如将基地口与人行天桥的距离≥5m，用于停车场出入口，则会误认B地块也可选用。

3. 最易失分的是：中间停车带应分组布置，且组间距离应≥6m。

4. 考核点较多，停车位数量较大，很难在限时内完成。

5. 其他应试教材均无此题。

■ 停车场试题Ⅱ.5.98

【试题】

一、比例：见图Ⅱ.5.98-1（单位：m）。

二、设计条件

1. 某市拟建室外停车场一座，有A、B两处空地可供选择，位置如图Ⅱ.5.98-1所示。

2. 要求布置停车位48~50个，一律采用垂直方式停车，停车位尺寸为3m×6m。其中残疾人车位不小于4个，停车位尺寸同前，但一侧应设1.5m宽轮椅通道，其后端应与人行道路相接。

3. 停车场内车行道宽7m，并要求贯通。

4. 停车场入口处设6m×6m管理室一栋。

三、任务要求

1. 在两块空地中选择一处做停车布置，并绘出管理室的位置。

2. 绘出停车场内各停车带，布置残疾人车位，标明其长、宽尺寸及车位数（可不绘

图Ⅱ.5.98-1

车位线)。

3. 沿用地界线周边应至少留出 3m 宽绿化带, 当背靠背布置车带时, 其间也应留出 1m 宽绿化带。绿化带用斜线标示, 并注明宽度。树冠范围内不得停车。

【答案】

作图答案见图Ⅱ.5.98-2。

【考核点】

1. 停车场的选址及出入口的数量与位置;

2. 停车带与车行道的布置, 以及停车数量;

3. 残疾人停车位的布置;

图 Ⅱ.5.98-2

4. 绿化带及附属用房的布置。

**【提示】**

1. 停车数量要求 48~50 个，属小型停车场。

2. 据此，停车场出入口应设一个，其与城市主干道交叉口（自道路红线交点量起）的距离应不小于 80m，故应选择 A 处做停车场设计。

3. 场内车行道呈"口"字形环路，贯通顺畅，且以两侧停车为主，故停车数量最多。

4. 残疾人停车位的布置：首先，其位置应靠近出入口，以利车辆进出；同时，还应靠近城市道路，以利轮椅通道的后端就近与人行道相通。因此，残疾人车位布置在停车场西侧，

254

背靠城市道路最为合理。

5. 注意：绿化带在残疾人停车位的后部应取消，以便残疾人通行；在树冠范围内不得布置停车位。

**【评析与链接】**

1. 难度适中 ★★★☆☆。

2. 如场地址选在 B 处，则出入口开在主、次干道均不可能满足与交叉路口相距 80m 的要求，故场址只能选在 A 处。尽管此时出入口开向主干道，但因规范的规定为"宜"，即当无法开向次干道时还是允许的。

3. 即便选址于 A 处，停车场的出入口还必须位于场地的北部，否则与交叉路口的距离仍小于 80m 的规定。

4. 场地尺寸减去绿化带后为（43m−2×2m−1m）×（54m−2×2m）= 38m×50m 大于 38m×47m，故停车数≥50 辆，应设两个出入口（详见附录二）。但因树冠下不能停车和布置管理室，最后停车数减为 50 辆，仍为一个出入口。

5. 其他应试教材的该题与本书仅场地尺寸和树冠占地范围有别，故停车数量及中间绿化带的宽度不同，其他无异。

■ **停车场试题 Ⅱ.5.99**

**【试题】**

一、比例：见图 Ⅱ.5.99−1（单位：m）。

二、设计条件

1. 拟在城市道路旁的坡地上修建小汽车停车场，如图 Ⅱ.5.99−1 所示。

2. 要求停车位不小于 53 个，其中残疾人停车位不少于 4 个。停车位尺寸为 3m×6m，残疾人停车位的一侧应留出 1.5m 的轮椅通道（也可两个车位共用一条轮椅通道）。场内行车道宽 7m，要求在场内贯通，并一律采用垂直方式停车。

3. 停车场地面标高为 301.50m，出入口与城市道路设引道连接，其坡度应≤8%，否则，如需设缓坡段，其长度应≥3.6m。

4. 沿用地界线内侧至少留出 3m 宽绿化带，当停车带背靠背布置时，其间应设 2m 宽绿化带。场内树冠范围内不得停车。

5. 停车场入口处设 6m×6m 管理室一栋。

三、任务要求

1. 绘出停车场出入口及引道的位置，标明引道的尺寸和坡度（含变坡点标高），以及确定管理室的位置。

2. 绘出场内行车道及停车带（含残疾人停车位）的位置，标明相关尺寸和停车数量（可不绘车位线）。

3. 用斜线标明绿化带的范围，并注写宽度。画出通向休息室的人行道。

**【答案】**见图 Ⅱ.5.99−2。

**【考核点】**

1. 停车场出入口的数量与位置；

2. 场外引道的设计；

图Ⅱ.5.99-1

3. 场内行车道及停车带的布置，以及停车数量；
4. 残疾人停车位的布置；
5. 绿化带及附属用房的布置。

【提示】

1. 要求停车位不少于53个，属于中型停车场（51~300个），应设两个出入口。根据已知标高点的定位尺寸，可推断出两个出入口的位置。

2. 据此，可顺利绘出场内行车道、停车带、绿化带和管理室。其中残疾人停车位应位于南入口东侧的停车带内，以便在其后端布置人行道并延伸至休息室。

3. 场外引道的设计：

（1）首先判定东出入口外引道的下端不需设缓坡段，因为其最大纵坡度为：

$$\frac{301.50-298.50}{40}=\frac{3}{40}=0.075=7.5\%<8\%$$

（2）同理可以判定南出入口外引道的下端也不需设缓坡段，因为其最大纵坡度为：

图Ⅱ.5.99-2

$$\frac{301.50-297.50}{50}=\frac{4}{50}=0.080=8\%$$

【评析】

1. 难度适中 ★★★☆☆。

2. 原题的难度较大，主要是停车场与公路之间的引道，需要考虑缓坡段的设计。本题将此处修改如下：明确了引道的位置、坡度，以及起点与终点的标高。这样只需判定不必作缓坡段即可，否则在限时很难完成解答。

【链接】

1. 图Ⅱ.5.99-3 为〈任乃鑫编模拟题〉，同型例题的答案，与本书答案的主要区别在

257

于：将引道的坡度限定为≤10%。即便符合场内坡道不设缓坡段的规定，但却不符合基地内一般道路的坡度应≤8%的限定，尚有争议。

场地平面1：850

图Ⅱ.5.99-3

2. 其他应试教材的答案，与本书的主要不同在于：引道长度变化且增设缓坡段；给出的场地标高不同；中间停车带两侧加绿化带，故车位减少。

■ 停车场试题 Ⅱ.5.00

【试题】

一、设计条件

1. 在某风景区坡地上建设一个停车场，坡地西高东低，用地范围见图Ⅱ.5.00-1；

258

图Ⅱ.5.00-1

2. 根据地形条件布置尽可能多的车位，（车位尺寸 3m×6m；其中含残疾人停车位 5 个，停车位一侧或二车位间设≥1.5m 的通道）。停车场内车行道及通向景区道路的通道宽度均不小于 7.00m，车行道要求贯通，一律采用垂直方式停车，其停车位的长向与斜地面的纵坡方向之间的夹角不应小于 60°。

3. 沿用地线周边至少留出 2.50m 宽绿化带（残疾人停车通道处可不设），背对背停车位间也应设≥2.0m 宽的绿化带。

二、任务要求

1. 保持原有地形不变，绘出停车场内各停车带的位置，分别标出其长度、宽度、停车数量（可不绘车位），注明停车位总数。

2. 绘出停车场入口并与景区道路相连接。

3. 绘出绿化带，注明宽度尺寸，并用  表示。

【答案】

见图Ⅱ.5.00-2。

图Ⅱ.5.00-2

【评析与链接】

1. 规范规定：停车场地面的坡度一般应为0.2%~0.5%，以利排水。同时为防止车辆溜滑，其最大坡度应≤3%。本题故意将坡度定为4.8%，实际工程是不允许的，其目的在于：使垂直地面坡向的车位布置方式，成为唯一的正确答案。

2. 当两辆车共用一个残疾车位通道时，可增加一个车位。

3. 〈耿长孚编考题〉对本题的分析更为详尽。

■ 停车场试题Ⅱ.5.01

【试题】

一、设计条件

1. 在某住宅区、公建区及城市道路围合的地块内，拟建一个停车场。其用地尺寸、地面及道路标高等现状如图Ⅱ.5.01-1所示。

图Ⅱ.5.01-1

2. 应布置尽量多的停车位。均采用垂直停车方式，车位尺寸为3m×6m，行车道与出入口均宽7m。

其中设4个残疾人车位，尺寸同上，且每个车位的侧面均设1条≥1.5m宽的轮椅通路。

3. 由停车场到住宅区设一条2.5m宽的人行通道。

4. 停车场地界内侧和中间停车带内均设2m宽的绿化带（用▨表示）。但残疾人停车位后面应改为轮椅通路，并与人行通道相接，以便通向住宅区。

5. 设4.5m×4.5m的管理室一间。

261

6. 在停车场与住宅区之间的地段内，由城市道路的人行道引入 2.5m 宽的无障碍通道，另一端与人行通道相连。

二、任务要求

1. 绘制布置停车场内的停车带（可不画车位，只注车位数）、残疾人车位、行车道、出入口、绿化带和管理室；标注相关尺寸和总车位数。

2. 绘图布置人行通道、场外引道、无障碍通道；标注相关尺寸、坡度和标高。

**【答案】**

见图Ⅱ.5.01-2。

图Ⅱ.5.01-2

【考核点】

1. 停车场布置；

2. 引道设计；

3. 残疾人车位及坡道设计。

【提示】

1. 该场地减去绿化带后的尺寸为（44m-3×2m）×(51m-2×2m) = 38m×47m，恰为两个出入口停车场的最小尺寸，可停车 52 辆（见附录二）。但考虑布置残疾人停车位和管理室及人行通道后应减少 4 辆，则为 48 辆。此时又可减为一个出入口，同时增加两个车位，故最终可停车 50 辆。

2. 据此，残疾人车位、人行通道和管理室均应布置在南停车带内（见附录二）。其中后二者总宽为 4.5+2.5 = 7m，合占两个车位，如误将管理室移至东停车带则独占两个车位，总车位数将减为 49 个。

3. 通向住宅区的人行通道宜从残疾人车位的西侧起始，目的在于尽量使无障碍坡道的长度增加、坡度减小。

4. 用插入法求出场外引道与城市道路二者中心线交点（F）的标高（$h_F$）：

先量得 AB 点间距 46.11m，则城市道路坡度为 （22.00-21.20）÷46.11 = 1.73%；

再量得 AF 点间距为 15m，则 $h_F$ = 22.00-15×1.73% = 21.74m。

已知道路宽度和横坡度，则引道起点（G）的标高 $h_G$ = 21.74-6×1% = 21.68m；

又：引道长 35+3 = 38m，其坡度为 （21.68-20.00）÷38 = 4.4%<7% 和 6%，故满足规范限值，且无需作缓坡段。

5. 设无障碍坡道与引道二者的中心线相距 16.2m，对应人行道路路缘石下端（H）的标高 $h_H$ = 21.68-16.2×1.73% = 21.40m；

则无障碍坡道起点（J）的标高 $h_J$ = 21.40+0.15 = 21.55m。

该坡道的长度为 18+4.5+2+35 = 59.5m。根据规范规定，当最小坡度为 5% 时，坡长应 ≤30m，休息平台应 ≥1.5m，故该坡道的分段长度为 29+1.5+29 = 59.5m。其坡度则为 （21.55-20.00）÷(59.5-1.5) = 1.55÷58 = 2.7%<5%。

【评析】

1. 难度较大★★★★☆。

2. 停车场本身的布置较为典型和简单，但附加引道和无障碍坡道的设计，则因给出的标高和距离均太零碎，导致极为费时，有些喧宾夺主。

3. 同时，由于有的设计条件不明确，可有多种理解，以至其答案很难判断正误。例如：是否应考虑雨水倒灌问题？无障碍坡道为何不确定位置？保留的树木为何对解题无影响？

4. 根据规范，两辆残疾人车位可共用一条轮椅通路，则本题的总车位数可增至 51 个，而出入口根据规范需增加一个，总车位相应又减少为 49 个，出入口又应回到一个。如此反复，形成"悖论"。为此，〈任乃鑫编作图〉和〈张清编作图题〉的答案将停车带减少一个车位，在出入口的一侧增加绿化带。

【链接】

1. 〈陈磊编指南〉的答案如图Ⅱ.5.01-3 所示。其停车场部分与本书答案无异，但引道坡度<6%仍作缓坡段，似无必要。此外，无障碍坡道的坡度应为 2.6%（原书坡长有误，错为 2.82%），且系参照《城市道路设计规范》限值 2.5%确定的。其实已满足《城市道路及建筑物无障碍设计规范》的限值 5%，只是坡长>30m，应分为两段加休息平台即可。

图Ⅱ.5.01-3

2. 该题停车场地面标高低于城市道路路面标高 2m，导致出现雨水倒灌问题。据此，〈耿长孚编考题〉的答案将停车场地面填高或将引道做成反坡。虽然合理，但难度加大，一般考生很难在限时内完成解答。这再次说明，命题的严谨性是正确答案唯一性的保证。

# 5.2 2003 年及以后的试题

**停车场试题各书解答对照（2003 年及以后）**　　　　表 II.5.2

| 书名（简称） | 张清编作图题 | 本书（第 II 篇） | 耿长孚编考题 | 曹伟浚编作图 | 陈磊编指南 | 注册网编作图 | 注册网编题解 | 任乃鑫编作图 | 研究组编作图 |
|---|---|---|---|---|---|---|---|---|---|
| 代号 | ⑧ | ⑨ | ① | ② | ③ | ④ | ⑤ | ⑥ | ⑦ |
| 2003 年 | XX | II.5.03 | V | — | V | — | V | V | — |
| 2004 年 | 3.4.3 | II.5.04 | V | — | V | — | — | V | V |
| 2005 年 | 3.4.4 | II.5.05 | XX | 同① | — | — | V | V | — |
| 2006 年 | 3.4.5 | II.5.06 | X | 同① | V | X | 同④ | 同④ | — |
| 2007 年 | 3.4.6 | II.5.07 | V | V | V | V | V | V | — |
| 2008 年 | 3.4.7 | II.5.08 | X | 同① | V | V | V | V | — |
| 2009 年 | 3.4.8 | II.5.09 | V | V | V | X | — | 同④ | — |
| 2010 年 | 3.4.9 | II.5.10 | V | — | V | V | V | V | — |
| 2011 年 | 3.4.10 | II.5.11 | X | 同① | V | V | — | V | V |
| 2012 年 | 3.4.11 | II.5.12 | X | — | 同① | 同① | 同① | 同① | — |
| 2013 年 | 3.4.12 | II.5.13 | V | — | X | V | V | X | — |
| 2014 年 | 3.4.13 | II.5.14 | XX | — | — | V | — | V | — |
| | | | | | | | | | |
| 说明 | 试题答案 | 评析链接 | 其他辅导书的同题解答：— 无此题　　V 相同　　X 稍异　　XX 不同（X 和 XX 者在本书的链接中阐述） | | | | | | |

## ■ 停车场试题 II.5.03

【试题】

一、设计条件

在城市道路一侧布置小汽车停车场，位置如图 II.5.03-1 所示。设计要求：

1. 场地应分为两个台地，土方量应最小，且就地平衡。

台地间及入口引道处的行车坡度不大于 1/10，台地汇水坡度忽略不计。

2. 停车位尺寸为 6m×3m，其中无障碍停车位 4 个（该车位一侧应留有 1.5m 宽轮椅通道，但也可以两个车位共用一条）。残疾人应另设通道缓坡进入人行道（坡度不大于 1/12）。

3. 场内行车道宽不小于 7m，且应环通。

4. 用地界线内侧为 2m 宽绿化带（无障碍通道处除外）。两车背靠背停车时，车尾间留出 3m 的绿化带。

图Ⅱ.5.03-1

5. 停车场出入口处设管理用房，平面尺寸 6m×5m。

二、任务要求

1. 绘图：

（1）绘出场内各停车带（含无障碍停车带），标注其长、宽尺寸及停车数量（可不画停车线）。标注停车总数量及台地的设计标高。

（2）绘出停车场出入口及台地间坡道，标明其尺寸与坡度。布置管理用房，以及用斜线标明绿化带。

（3）加绘场地剖面图中台地的设计断面，并标注其设计标高。

2. 回答问题（答题卡从略）：

（1）第一台地的设计标高应为 [    ]。

A. 151. 70m        B. 152. 20m        C. 152. 45m        D. 152. 70m

（2）第二台地的设计标高应为 [    ]。

A. 153. 20m        B. 153. 70m        C. 153. 95m        D. 154. 70m

（3）场地内可布置 [    ] 个车位。

266

A. 45                    B. 49                    C. 50                    D. 55

【答案】

1. 绘图答案：如图Ⅱ.5.03-2所示。

图Ⅱ.5.03-2

2. 回答问题（题目原文从略）：

（1）C        （2）C        （3）A

【考核点】

1. 停车场出入口数量及定位；

2. 场地停车带及行车道的布置；

3. 无障碍停车位的布置；

4. 绿化带及管理用房的布置；

5. 场地剖面设计及土方平衡。

【提示】

1. 出入口应设在城市支路上，且应靠西侧，以保证距城市干道红线≥80m。

2. 两个台地间需设行车坡道，且应靠两端和正对出入口布置，才能行车顺畅。尽管坡道可与中间停车带的车位对调，且不减少停车数量，但将出现"盲端"车道，并不理想。

据此，则可顺利布置出北停车带和中央停车带。

3. 剖面设计

已知场地南北自然地形高差为 154.7m −151.7m＝3m，分为两个台地，并在各自台地内进行土方平衡，则土方量最小且运距最短。

也即：二个台地的挖填方最大高度值为 3m÷4＝0.75m。

则第一台地的设计标高为 151.7m+0.75m＝152.45m。

第二台地的设计标高为 154.7m−0.75m＝153.95m。

二个台地间的高差为 2×0.75m＝1.5m。

其间坡道长度应为 1.5m÷10%＝15m。

恰好与中央停车带纵宽相同。

4. 南停车带的布置

首先，出入口应布置在西端与台地间行车坡道相对，其引入坡道可从用地南界至南停车带北缘，长度为 6m+2m＝8m，高差为 0.75m，故该坡道坡度为：0.75m÷8m＝0.09＜10%，符合规定要求。

管理用房可邻出入口东侧布置，再依次向东布置 4 个无障碍车位，以 H 表示并在其后将绿化带改为轮椅通道，另做单独坡道通至人行道。最后再向东布置普通车位即可。

【评析】

1. 难度较大 ★★★★☆。

2. 本题的最大难点在于：根据"土方量最小且就地平衡"的要求，确定两个台地的设计标高。若无此条件，则两台地设计标高的组合实际为无穷解如图Ⅱ.5.03-3所示，本题的答案则为满足该条件的唯一解答。

本应是次要考核内容的"地形处理"问题，却成了该题最具争议和最难论证的焦点。这可能是命题人绝对想不到的，否则定会进一步明确和限定设计条件，以保证答案的唯一性。

3. 此外，本题还增加了出入口距交叉路口≥80m 的限制条件，以保证出入口只能位于场地的西端。

【链接】

1. 〈张清编作图题〉的此题，设计条件之一为"残疾人车位平坡通向人行道"。对于道路而言"平坡"即为无坡度，故台地标高分别定为 151.70m（同人行道）和153.20m。致使土方量最大且均为挖方外运（如图Ⅱ.5.03-3中A所示），与另一设计条件"要求土方量最小"自相矛盾。即：如满足土方量最小，则残疾人车位必高出人行道 0.75m（如图Ⅱ.5.03-3中D所示），二者需设坡道连通；如二者无高差，则土方量必最大。

本书及其他辅导书均要求"残疾人车位缓坡通向人行道（$i≤1:12～1:8$）"，表达较为确切，设计条件无矛盾，答案基本均同本书。

图Ⅱ.5.03-3

2. 但有的辅导书出入口外引道长度不同，故坡度有变。还有的将台地的坡道坡度改为15%（且未做缓坡段），台地地面也做2.5%的坡度，过于复杂和工程化，更有违设计条件。

■ **停车场试题 Ⅱ.5.04** （同〈张清编作图题〉3.4.3）

【评析与链接】

1. 难度适中 ★★★☆☆。

2. 场地尺寸减去绿化带后恰为（43m−2×2m−1m）×（48m−2×2m）= 38m×44m，故应为1个出入口（详见附录二），且知中间停车带应为东西向。

3. 关键要知道停车场出入口应距公园出入口≥20m，以及距公交站台≥15m，否则出入口难以正确定位。

4. 如根据管理室的布置原则，当仅有一个出入口时，宜位于出车道前进方向的右侧。但因管理室宽5m，故出入口西侧停车带将减少两个车位，而东侧停车带只增加一个车位，不符合"尽可能多布置停车位"的设计要求。

5. 其他辅导书中的该题均与本题同。

■ **停车场试题 Ⅱ.5.05** （同〈张清编作图题〉3.4.4）

【评析与链接】

1. 难度适中 ★★★☆☆。

2. 地块二最宽部分的尺寸为42m×47m，减去绿化带后为（42m−2×1.5m−1m）×（47m−2×1.5m）= 38m×44m，其停车数应为50辆（详见附录二），但加上较窄部分的停车数必然>50辆，故应设两个出入口。

因出入口的最小间距为10m（见第Ⅰ篇表5-1），则临街最小宽度应为7m+10m+7m = 24m，但实有19m。故可判定地块二不应为正确场址。

3. 如管理室明确有计时收费功能，根据布置原则（见附录二），其位置宜由出口的南侧移至北侧。但因管理室宽4m，中间停车带将减少两个车位，而南停车带只能增加一个车位，不符合布置"尽可多车位"的设计条件，似不可取。

4. 本答案的场内行车道为穿越式，可满足"贯通"的设计要求。如场内行车道明确要求"环通"，则答案如图Ⅱ.5.05-1所示（〈耿长孚编考题〉也有同型答案）。由于必须保证行车道宽7m和沿界绿化带宽≥1.5m，故中间停车带应减少6个车位，以致总停车位减至50辆，设一个出入口即可。该出入口宜在东南角，因管理室可布置在出车道前进方向的右侧，较为合理（见附录二）。同时布置的停车位数也最多（理由见第3条）。

〈耿长孚编考题〉的另一答案如图Ⅱ.5.05-2所示。为形成环状行车道，以及仍为两个出入口，仅将中间停车带减少4个车位（共计52辆）。但导致东侧中部的沿界绿化带宽度减至0.5m，不符合应≥1.5m的设计要求。故不能视为及格答案。

■ **停车场试题 Ⅱ.5.06** （同〈张清编作图题〉3.4.5）

【评析与链接】

1. 停车场用地减去沿界绿化带后的尺寸为（33m−2×2m）×（70m−2×2m）= 29m×66m，恰为附录二中≤50辆停车场的基本模式之一，故设一个出入口即可。

图Ⅱ.5.05-1

图Ⅱ.5.05-2

271

2. 由设计条件未明确管理室是否兼有收费功能，故答案可有多个。

（1）出入口选在东南角，且管理室按兼有收费功能考虑，则其合理位置应在出车道前进方向的右侧（见附录二）。如图Ⅱ.5.06-1所示，也即〈张清编作图题〉和〈陈磊编指南〉两书的答案。

图Ⅱ.5.06-1

若将该答案中的残疾人车位移至东停车带的下方，虽距管理室稍远，但停车位仍为48辆。故也应视为及格答案（图Ⅱ.5.06-2），也即〈耿长孚编考题〉的答案一。

图Ⅱ.5.06-2

已知管理室为 5m×5m，因此如将其移至东停车带的下方，不仅位置不利于收费，且由于南停车带只能增加一个车位，而东停车带却减少两个车位。也即总车位减至 47 辆，不符合停车位应尽量多的设计要求。故应视为不及格答案（图Ⅱ.5.06-3）。此点且与残疾人车位的位置无关，因为 4 辆残疾人车位和两条轮椅通道的总宽度为 15m，恰好等于 5 个普通车位的总宽度。

（2）如出入口选在西南角，该处的布局方式与出入口在东南角者呈对称关系。由此推知：若管理室位于西停车带的下方（参见图Ⅱ.5.06-3），虽然有利于收费，但总车位数减至 47 辆，系不及格答案（如〈耿长孚编考题〉的答案二）；若管理室位于南停车带的西端，也即〈任乃鑫编模拟题〉等书的答案（参见图Ⅱ.5.06-1 和 2），总停车位均为 48 辆，当未明确管理室兼有收费功能时，仍应视为及格答案。

（3）综上可知：当要求停车位尽量多和管理室兼收费时，及格答案有 2 个（图Ⅱ.5.06-1 和 2）。当要求停车位尽量多，但未明确管理室兼收费时，则及格答案共有 4 个。

如欲避免考生将出入口选在西南角，可在设计条件中增加："停车场的西界距城市道路交叉口红线小于 70m"。则西南出入口距路口红线必小于 80m，故不能位于该处。

图Ⅱ.5.06-3

■ 停车场试题Ⅱ.5.07（同〈张清编作图题〉3.4.6）

【评析与链接】

1. 难度适中 ★★★☆☆。

273

2. 残疾人车位如移至北出入口的下方，对停车位数量无影响。但残疾人轮椅的路径与出入口车流交叉，既不安全且路程较远。

3. 其他辅导书中的该题均与本题相同。

■ **停车场试题 Ⅱ.5.08**（同〈张清编作图题〉3.4.7）

【评析与链接】

1. 难度适中 ★★★☆☆。

2. 场地尺寸减去绿化带后为（44m-3×2m）×（54m-2×2m）=38m×50m，大于38m×47m（详见附录二），故应设两个出入口，且知中间停车带的长向应为东西向。

3. 关键应知道地面坡度>3%时，停车位长边应垂直坡度方向。故场地的东区内只能布置长边为南北向的停车位。而西区的地面坡度<3%，可不受此限。

4. 残疾人车位必须位于西停车带。如移至南停车带靠近出口处，仍至少有两个车位位于坡度为5%的东区内，不符合残疾人车位处地面坡度应≤2%的规定。

5. 残疾人车位后的轮椅通道应通至人行道（答案中漏画）。

6. 车辆入口应位于东南角，出口应位于西南角。根据两个出入口时管理室的布置原则，宜位于出口车辆前进方向的左侧（见附录二）。但管理室平面为4m×4m，移至南停车带后需减少两个车位，而西停车带仅增加一个车位。不符合"布置尽可能多停车位"的设计条件，故不可行。

7. 〈耿长孚编考题〉的答案，东停车带仅布置三个平行式停车位，其北端留有7m通路，故北停车带可增加一个车位，总车位数未变，仍系合格答案。其他应试教材此题均同本书。

■ **停车场试题 Ⅱ.5.09**（同〈张清编作图题〉3.4.8）

【评析与链接】

1. 难度较大 ★★★★☆。

2. 关键是根据已知条件的暗示，迅速判定班车停车带，以及两个车辆出入口的位置。

3. 再则应注意班车的转弯半径为8m，中间停车带应减少车位才能保证。

4. 若按残疾人停车位各有一条轮椅通道，则停车位将减少一辆，但与设计条件不符。

5. 如两个车辆出入口均开在用地的西侧，虽然可行（间距也>15m），但中间停车带的右上角也要减少三个车位（总车位减少至52个），以保证班车所需的8m转弯半径。同时班车在场内迂回行驶也不够理想（图Ⅱ.5.09），不能视为及格答案。

6. 有的答案在中间停车带转角（R=8m）绿化带处，增加布置一个车位。经验证完全可行，故不能视为错答。

7. 〈任乃鑫编模拟题〉等两书的此题，仅用地形状稍异：东北和东南缺角的纵长分别由6m和8m改为8m和6m。故人行出口处班车位与残疾车位之间宽度由5m减至3m。答案无本质区别。

图Ⅱ.5.09

■ **停车场试题Ⅱ.5.10**（同〈张清编作图题〉3.4.9）

【评析与链接】

1. 难度较大★★★★☆。

2. 关键在于能迅速判断出车辆进出口的数量与位置，进而确定大型车停车带的合理位置，随后小型车停车带的布置则较容易。只是因北界无需再布置绿化带，以及距已有建筑要考虑防火间距，又增加了干扰和难度。

3. 其他辅导书仅场地与城市道路或已建建筑的相对位置尺寸稍异，答案均同。

■ **停车场试题 II.5.11**（同〈张清编作图题〉3.4.10）

**【评析与链接】**

1. 残疾人车位应邻近已建人行通道，故位于停车场西侧停车带内，并宜靠近出口（见附录二）。〈耿长孚编考题〉答案一即将其布置在南侧停车带内，故不妥。

2. 如设计条件中，管理室未明确兼收费功能，则可将管理室布置在出口的西侧，残疾人车位相应上移，停车数59辆未变，仍应视正确答案（图 II.5.11-1）。同〈耿长孚编考题〉答案三。

图 II.5.11-1

3. 设计条件中允许采用"平行停车（3m×8m）布置"，系命题人设置的"迷彩"。

4. 图 II.5.11-2为不及格答案，错在将引道与场内行车道混淆，且停车位反而减少一个（与管理室位置无关）。同〈耿长孚编考题〉答案二。

5. 其他辅导书的答案无大异。仅有的答案保留了残疾人车位后的绿化带，但未将轮椅通道从中穿过与人行通道相连，应属失误。

图Ⅱ.5.11-2

■ **停车场试题Ⅱ.5.12**（同〈张清编作图题〉3.4.11）

【评析与链接】

1. 设计条件规定：停车方式为 3 个（残疾人车位为 2 个）一组，且组间设 1m 宽绿化带。致使设计和绘图工作量增大，考生在限时内很难完成。似无必要。

2. 由于"要求车行道贯通无盲端"，〈张清编作图题〉的答案认为：应在残疾人停车带西端的对面，取消一组普通停车位（总停车位减至 81 个）。用以形成（6m+7m）×（10m+7m）= 13m×17m 的回车场地，从而解决了"盲端"问题，显然有些得不偿失。其他应试教材均未顾及此问题，在该处仍布置车位，未设回车场。

3. 其实，只要在上述答案的基础上，将要求布置残疾人车位 6 辆改为 4 辆，盲端问题即可避免。只是总停车位最多布置 82 辆而已。

4. 至于〈张清编作图题〉给出的另一答案，虽然不是非常合理，但就题论题，仍应视为及格。因为，在设计条件并未规定人行出入口的宽度，且允许残疾人车位后可不设绿化带。故据此可避免出现盲端和布置最多的停车位。

■ **停车场试题Ⅱ.5.13**（同〈张清编作图题〉3.4.12）

【评析与链接】

1. 首先应知道当停车场地面的坡度≤3%时，可不考虑车辆溜滑问题，对普通车位的布置无影响。但残疾人车位处的地面坡度应≤2%，故其只能沿用地北侧布置。

2. 减去绿化带后，停车场的用地尺寸为：（44m－3×2m）×（48m－2×2m）＝38m×44m，恰为≤50辆车位停车场的最大合理尺寸（见附录二）。故可设一个出入口，且应邻近残疾人车位，即位于西北角。

3. 由于出入口宽9m系指何处不明确，故〈陈磊编指南〉的答案仅限于场外引道，管理室前仍宽7m，似不妥。

4.〈任乃鑫编模拟题〉的此题，将用地的纵向尺寸由48m减为47m，致使西南角处的车位布置不符合条件图的规定。如欲改正，则须将西侧停车带减少一个车位。

■ **停车场试题Ⅱ.5.14**（同〈张清编作图题〉3.4.13）

【评析】

1. 根据《汽车库、修车库、停车场设计防火规范》表4.2.1的规定，停车场内停车位距一、二级民用建筑的距离应≥6m。故场地北侧距公园售票处6m范围内不应布置任何方式的停车位。

2. 在该试题设计条件中明确规定："停车场内行车道宽度不小于7m，要求行车道贯通，停车方式采用垂直式、平行式均可"。但在所附的平行式停车位图示中，行车道宽度却为4m，二者矛盾。

3. 据此，〈张清编作图题〉提供了行车道均为7m、均采用垂直式停车位、均设一个入口且总停车位均为49个的两个答案。二者的主要区别在于：一个答案的出入口位于场地西侧的中部（图Ⅱ.5.14-1A）；另一个答案的出入口位于场地的西南角（图Ⅱ.5.14-2A）。

4. 现将行车道可为7m或4m时，平行式停车位的位置，及其对停车位总数和出入口数量的影响分述如下：

（1）当出入口位于场地西侧中部，且行车道仍均为7m时，虽然沿场地南侧可布置3个平行式停车位（长24m＝3×8m），但总停车位减至48个，得不偿失，故不可取（图Ⅱ.5.14-1B）。

如允许平行式停车位处的行车道宽度为4m时，则在上述答案的基础上，中间停车带南北两端均可各增加一个平行式停车位（3m×8m）。故总停车位增至50个，出入口仍为一个。应视为合格答案（图Ⅱ.5.14-1C）。

（2）当出入口位于场地西南角，且行车道仍均为7m时，虽然沿场地南侧可布置4个平行式停车位（长32m＝4×8m），但东、西和中间停车带相应减少4个车位，总停车位仍为49个，出入口也仍为一个，故也可视为合格答案（图Ⅱ.5.14-2B）。

如允许平行式停车位处的行车道宽度为4m时，则在上述答案的基础上，中间停车带南北两端虽然可以共增3个停车位，但总停车位将>50个，须增加一个出入口，又须减少一个停车位，故总停车位为51个（图Ⅱ.5.14-2C）

5. 综上所述，由于该试题给出的设计条件不够明确（甚至矛盾），导致可有5个合格答案。估计命题者也未想到，否则定会增加限制条件，确保答案的唯一性！例如：只要增改下述两项设计条件即可实现：

（1）根据《技术措施》第4.5.1-11条的规定，残疾人停车位应靠近目的地的出入口，因此该停车位只能布置在场地的西北角。据此，再增加该停车位"且应靠近管理用房"，

图Ⅱ.5.14-1A

图Ⅱ.5.14-1B

入口广场　　　　　公园

城市道路

售票

管理

共计50个

图Ⅱ.5.14-1C

入口广场　　　　　　　公园

城市道路

售票

3.0

管理

共计49个

5%

5%

2.0

15.0

(4×3.0+2×1.5)

21.0

(7×3.0)

5.0

7.0

2.0

2.0

7.0

0.5

33.0(11×3.0)

48.0(16×3.0)

52.0

0.5

7.0

2.0

④

⑦

⑪　　⑪

⑯

2.0　6.0　7.0　6.0　2.0　6.0　7.0　6.0　2.0

16.0　5.0　　　　　　44.0

图Ⅱ.5.14-2A

282

入口广场

公园

售票

城市道路

管理

5%

5%

3.0

2.0

15.0

(4×3.0+2×1.5)

④

18.0

(6×3.0)

⑥

5.0

7.0

3.0

2.0

16.0

5.0

3.0

6.0

7.0

6.0

2.0

6.0

7.0

6.0

2.0

3.0

32.0(4×8.0)

1.0

44.0

⑩

⑩

共计49个

④

⑮

2.0

7.0

0.5

30.0(10×3.0)

45.0(15×3.0)

52.0

0.5

7.0

3.0

5.0

2.0

图Ⅱ.5.14-2B

图Ⅱ.5.14-2C

则唯一的车辆出入口，只能在场地西侧的中部，而不是西南角。

（2）明确场内行车道的宽度均为7m，相应将平行式停车位图示中的行车道宽度尺寸4m取消，仅标注车位尺寸为3m×8m，即可排除在场地南侧布置平行式停车带的答案（参见图Ⅱ.5.14-1B）。

（3）此时，唯一合格的答案则如图Ⅱ.5.14-1A所示。

【链接】

1.〈陈磊编指南〉和〈任乃鑫编作图〉的答案，均与〈张清编作图题〉一个出入口且位于场地西南角、场内行车道均为7m的答案相同（图Ⅱ.5.14-2A）。

2.〈耿长孚编考题〉的答案则与〈张清编作图题〉的答案差异极大，如图Ⅱ.5.14-3A所示。

图Ⅱ.5.14-3A

（1）该答案根据《车库建筑设计规范》第 4.3.4 条，将原设计条件图示中平行停车位的尺寸 3m×8m 改为 3m×6m，但其行车道的最小宽度仍为 4m。因此，与一个出入口且位于西南角的答案相比，中间停车带的两端可视为平行停车位，沿北、南两侧的行车道则可由 7m 分别减至 4m 和 5m，相应增加 4 个停车位，致使总停车位>50 个。为此，须将原一个 7m 宽的出入口，改为 5m 宽的入口和出口各一个，从而使西侧停车带减少一个停车位。故总停车位可增至 52 个。

（2）然而在该答案的基础上，只需将沿场地南侧的行车道上移 3m 后，即可布置 5 个平行停车位。尽管中间和东西停车带因此共减少 4 个停车位，但总停车位将增至 53 个，且出入口的净距仍不小于 15m。故应为更佳答案，如图 II.5.14-3B 所示。

图 II.5.14-3B

（3）为简化运算和绘图，试题设计条件给出的数据，与设计规范中的相应数值常有不同。例如：小型车平行式停车位的尺寸，本题和历届试题均为 3m×8m、行车道宽度均为 4m；而《车库建筑设计规范》的相应尺寸为 2.4m×6m、行车道宽度为 3.8m。因此，〈耿长孚编考题〉的本题根据后者，将平行式停车位的尺寸由 3m×8m 改为 3m×6m。其答案与其他辅导书显然不同，但也无可比性！

# 第6章 绿化布置

■ 绿化布置试题 Ⅱ.6.99

【试题】

一、比例：见图 Ⅱ.6.99-1（单位：m）。

二、设计条件

某幼儿园的总平面图及树种图例如图 Ⅱ.6.99-1 所示。

幼儿园总平面

图 Ⅱ.6.99-1

三、任务要求

1. 在总平面图中有"〇"标志的地方种树。

2. 沿用地的东、南边界内种植绿篱，以使用地与道路隔离。

3. 在图示的树种中选用合适者进行布置。

【答案】

作图答案见图Ⅱ.6.99-2。

图Ⅱ.6.99-2

【考核点】

1. 美化环境；

2. 安全防护；

3. 限定空间和引导人流；

4. 改善局部气候。

【提示】

1. 沿街种植落叶乔木，既丰富景观，又可使室外活动场地夏有树荫，冬有阳光。

2. 沿东、南边界内种无刺常绿灌木，隔离街道，并限定儿童活动区及行政办公区。沿通向厨房的路旁也栽种无刺常绿灌木，用以引导人流。

3. 活动室及卧室前的室外场地不种大树以免影响室内视野和阳光照射。

4. 厨房不宜儿童进入，故用无刺常绿灌木围合。

5. 常绿乔木布置在西北边界，以阻挡冬季主导风向。

6. 花卉植于入口庭院，美化环境。

7. 按树种图例和给定的树位绘图，不要擅自改变，以免扣分。

【评析】

1. 难度适中 ★★★☆☆。

2. 完全模仿美国试题，毫无新意。

【链接】

1. 本题系历年来唯一的绿化布置试题。

2. 另外有四册应试教材也编录了本题，其解答仅有以下不同：在活动室与厨房间的院内，增植了常绿乔木，不能视为错答。但沿厨房却未种植无刺常绿灌木，则欠妥。

# 第7章 管线综合

■ **管线综合试题 Ⅱ.7.03**（同〈张清编作图题〉2.4.2）

**【评析与链接】**

1. 本题系历年来管线综合类的唯一试题。

2. 根据场地作图题考试大纲的规定（表Ⅱ.1.2），管线综合与竖向设计（含场地地形和场地剖面）是两类不同内容的试题。〈张清编作图题〉将此题纳入场地剖面，似不妥。

3. 只有另外两册应试教材编录了本题。且其中〈陈磊编指南〉的解答同本书。

4. 〈耿长孚编考题〉根据相关规范，对本题的命题提出两点质疑：小管沟不能混同于综合管沟，以及直埋管道的敷设排序不能套用在管沟中。

5. 关于直埋管道的相似例题，可参见本书第Ⅰ篇第7章的例题7.1.1。

# 第8章 场地综合设计

## 8.1 2003 年以前的试题

场地综合设计试题各书解答对照（2003 年以前）　　　　　表Ⅱ.8.1

| 书名 | 简称 | 本书<br>(第Ⅱ篇) | 耿长孚<br>编考题 | 曹伟浚<br>编作图 | 陈磊<br>编指南 | 注册网<br>编作图 | 注册网<br>编题解 | 任乃鑫<br>编作图 | 研究组<br>编作图 | 张清编<br>作图题 |
|---|---|---|---|---|---|---|---|---|---|---|
| | 代号 | ⑨ | ① | ② | ③ | ④ | ⑤ | ⑥ | ⑦ | ⑧ |
| 年份及<br>题号 | 1994 年 | Ⅱ.8.94 | V | — | — | — | — | — | — | — |
| | 1995 年 | 停考 | | | | | | | | |
| | 1996 年 | Ⅱ.8.96 | — | — | — | — | — | — | — | — |
| | 1997 年 | Ⅱ.8.97 | — | X | V | — | — | — | — | — |
| | 1998 年 | Ⅱ.8.98 | X | 同① | X | — | — | X | — | — |
| | 1999 年 | Ⅱ.8.99 | X | 同① | V | — | — | — | — | — |
| | 2000 年 | Ⅱ.8.00 | V | — | — | — | — | — | — | — |
| | 2001 年 | Ⅱ.8.01 | V | — | V | — | — | V | — | X |
| | 2002 年 | 停考 | | | | | | | | |
| 说明 | 试题、答案、<br>评析、链接 | 其他辅导书的同题解答：—无此题　V 相同　X 稍异　XX 不同（X 和 XX 者在本<br>书的链接中阐述） | | | | | | | | |

■ 场地综合设计试题 Ⅱ.8.94

【试题】

一、设计条件

某单位在依山傍湖的丘陵地上筹建职工休养所。

1. 要求保持自然风貌，少动土石方，保留天然排水沟。

2. 对外交通从现有公路上引接。

3. 场地现状见图Ⅱ.8.94-1。

二、任务要求

1. 在天然排水沟以南地块内布置以下项目（建筑平面见图Ⅱ.8.94-1）：

① 餐饮、娱乐、接待楼（2 层，1 幢）。

② 休养楼（3 层，同样大小共 3 幢）。

要求有好的自然通风朝向，1、2 幢之间及 2、3 幢之间用连廊相接，不用相接的一侧则用作建筑内廊。

③ 汽车库、管理人员宿舍（2 层，1 幢）。

要求布置在较偏僻地段，库前广场要求留有露天停放普通客车 2 辆（停车尺寸 10m×3.5m）、小汽车 5 辆（停车位尺寸 6m×2.8m）的场地。

图 Ⅱ.8.94-1

④ 在适当地点布置高位给水池 1 处（自流供水）。

⑤ 游船码头 1 处。

2. 规划连廊和连接 5 幢的场地道路系统（可通行汽车），并与场外公路相接。

3. 在休养楼区附近规划一处集中的活动场地（含小游园及健身场地）。

【答案】如图 Ⅱ.8.94-2。

【评分标准】

一、5 幢房屋的布置（35 分）：

1. 休养楼宜选在面湖地形平坦的地段，组成安静区。朝向、通风、景观俱佳（15 分）。

2. 接待楼应靠入口与汽车库组成服务区（10 分）。

3. 汽车库设在较偏僻地段（5 分）。

库前停放 2 辆客车，5 辆小车（5 分）。

二、高位水池应在山丘 32m 处（15 分）。

三、游艇码头布置在低水位能使用处（10 分）。

四、场地道路布置（20 分）：

1. 场地道路与场外公路及各幢房屋有较好的衔接（10 分）。

2. 楼前广场适当（5 分）。

3. 汽车库宜布置在道路的尽端（5 分）。

图Ⅱ.8.94-2

五、活动场地（小游园及健身场地）布置合理（20分）。

【链接】

1. 系1994年辽宁省一级注册建筑师资格试点考试的试题。

2. 仅〈耿长孚编考题〉有此题，且给出不及格答案的示例。

■ 场地综合设计试题Ⅱ.8.96

【试题】

一、比例：见图Ⅱ.8.96-1（单位：m）。

二、设计条件

1. 某休养所用地北面临街，南面临湖，东、西面为外单位用地。地形、方位、风向、地界及城市道路标高等见图Ⅱ.8.96-1中的场地平面图。

2. 规划部门要求：建筑物应距道路红线5.0m以上，距两侧用地界线9.0m以上，距保留树木树干15.0m以上。

3. 休养主楼及附楼、食堂、沿街商店、网球场、停车场的平面尺寸及层数见图Ⅱ.8.96-1中的单体平面图。

三、任务要求（暂不考虑残疾人的使用要求）

1. 确定休养主楼及附楼的位置（两者可拼接或用连廊连接），应保证客房有良好的朝向、自然通风及景观。

2. 确定食堂的位置，应与休养主楼用连廊连接并形成一个杂物院（不小于 20.0m×20.0m）。

3. 确定沿街商店的位置，应可同时对内对外营业。

4. 确定停车场的位置，应接近场地入口和休养主楼入口。

5. 确定场地入口的位置（只允许设一个），应接近休养主楼入口，并使通往杂物院的服务车流与停车场的车流互不干扰。

6. 确定网球场的合理位置。

7. 布置内部道路（3.5m 宽），应满足内部交通和消防的要求。

8. 结合已有湖面、树木，布置亭、桥（形式不限）及小路（约 1.5m 宽），形成一座游园。

9. 标出场地入口，休养主楼南、北入口外的室外设计标高，以及休养主楼室内的 ±0.000设计标高（北入口处室内外高差为 0.5m）。

图Ⅱ.8.96-1

295

【答案】

作图答案见图Ⅱ.8.96-2。

图Ⅱ.8.96-2

【考核点】

1. 场地布置：建筑组合与布局、停车场及网球场定位、游园布置；

2. 道路布置：场地出入口和内部环路的定位，以及车流组织；

3. 竖向设计：场地关键点标高、地形高差的处理。

【提示】

1. 场地布置

（1）休养主楼为客房的一翼及休养附楼应向阳和朝向湖面，故休养主、附楼应呈"Y"字形居场地南北中轴线上。再根据给定的与东、西用地界线及保留树木的距离要求，即可基本定位。同时，将附楼顺地形朝向东南，并用连廊与主楼连为一体。

（2）根据给出的冬季及夏季主导风向，可判定食堂应位于休养主楼的东北方位，以利于自身的通风和避免污染休养楼。与主楼用连廊连接，并形成要求的杂物院。

（3）停车场应接近场入口和休养主楼的入口，并应位于后者的西北方位，使其车流与去食堂的服务车流互不干扰。

（4）网球场因长轴必须南北向布置，故应位于休养主楼的西侧，与附楼也恰可保持距离。

（5）沿街商店必然位于停车场的对称位置，根据退道路红线和用地界线的距离位置，即可定位。

（6）游园布置：地狭处架桥，内湖岸旁建亭，以小路环绕相连，蔚然成景。

（7）综上所述，可以看出：一定要仔细审题，因为其中给出的条件或要求，如距保留树木或边界线的距离、主导风向、车流组织、客户朝阳向景、地形走向、网球场的布置特点等，正是建筑物布局和定位的依据。

2. 道路布置

（1）沿南北中轴线，正对休养主楼端部入口设场地入口。其内为入口广场，用以联系城市道路、停车场、休养主楼及沿街商店。

（2）由入口广场沿东、西用地界线和休养楼南侧的坡地上，布置环状道路，用以满足内部人流、服务车流，以及消防的需要。

3. 竖向设计

（1）根据场地南、北低，中部高而宽阔的特点，休养主楼的室内设计标高±0.00 可取 50.0m，与原地形标高相同，以便减少土方量。其南北入口外的场地设计标高则为 50.0－0.5＝49.5m。

（2）场地入口处设计标高的确定：已知相应的城市道路标高为 49.0m，休养主楼北入口外的设计标高为 49.5m，故该地的设计标高取二者的中间数值 49.2m 即可，以保证入口广场向城市道路方向排除雨水。

（3）场地南部标高 49.5m 与 47.0m 之间有较大的高差，应设置挡土墙或护坡。并应在休养主楼南入口等处布置台阶或坡道，与其下方的游园形成交通联系。

【评析与链接】

1. 难度较大 ★★★☆。

2. 命题者预设了种种条件，目的是保证建筑物和专用场地布局的唯一性，使应试者如走钢丝，步步悬命！如将休养主楼和附楼合为一栋给出，也不必布置临湖游园，则难度较为合适。

3. 其他各书无此题。


■ 场地综合设计试题 Ⅱ.8.97

【试题】

一、比例：见图 Ⅱ.8.97-2（单位：m）。

二、设计条件

某海滨游乐园拟建在如图 Ⅱ.8.97-2 所示的场地上。

场地内应布置：综合服务楼、更衣、淋浴室（图Ⅱ.8.97-1）、停车场和由城市道路进入场地的道路及到码头和沙滩的步行道。场地规划要满足下面的要求：

图Ⅱ.8.97-1
(a)综合服务；(b)更衣、淋浴

1. 西侧后退道路红线10m，南北两侧后退用地界线各5m，东侧后退滨海步道15m。

2. 保留现状树木。

3. 尽量减少场地内人流和车流的相互干扰。

**三、任务要求**

1. 回答问题：

(1) 该海滨游乐园的出入口数量为 [    ] 个。

A. 1　　　　　　　B. 2　　　　　　　C. 3

(2) 残疾人停车位的位置应靠近 [    ] 布置。

A. 出入口　　　　B. 更衣、淋浴室　　C. 综合服务楼

(3) 综合服务楼与更衣、淋浴室的前后间距不宜小于 [    ]。

A. 6m　　　　　B. 10m　　　　　C. 15m　　　　　D. 20m

2. 在场地内布置综合服务楼、更衣、淋浴室和一个小汽车停车场（要求有49个停车位和5个残障车位），设置必要的人行道、车行道和铺地。

**【答案】**

1. 作图答案见图Ⅱ.8.97-3所示。

2. 回答问题：

(1) B　　　(2) C　　　(3) A

**【提示】**

1. 出入口数量：根据规范规定，本设计中停车数大于50辆，故设置两个出入口，位置临城市道路一侧。南端为入口，北端为出口。

2. 建筑布置：按停车——综合服务——更衣、淋浴——沙滩旅游使用顺序进行设计。综合服务楼与主要出入口直通近便，布置在基地的中部。更衣、淋浴室布置在其南侧，靠近沙滩。各建筑物布置时，避开现有树木，并满足规划要求条件。

3. 道路交通：根据规范规定，距建筑入口及车库最近的停车位置，应划为残疾人专用停车车位。故停车场布置了5个残疾人停车位，并靠近综合服务楼入口。

车行道布置结合停车场设计进行，同时考虑综合服务楼商品的运输要求，在楼前设置一处广场。此外，在停车场、各个建筑物、沙滩和滨河步道之间设置人行道，满足人行要求。最后，在综合服务楼和淋浴的出、入口处，人流相对集中处，设置铺地。

**【评析与链接】**

1. 难度适中 ★★★☆☆。

2. 上述答案并不理想：出入口应人车分设；服务楼前应设集中广场，使去码头和游泳者及早分流，互不交叉。《曹伟浚编作图》的答案即将停车场（改为50辆）设单独出入口直通城市道路。其他辅导教材答案与本书同或无此题。

图 II 8. 97-2

图 II 8.97-3

北

20m

0

码头

滨河步道

沙滩

15

5 27 27 15 15 18 5

综合服务 1F

更衣淋浴 1F

25

C5 C4 C3 C2 C1 49 48 47 46 45 44 43

28 29
27 30
26 31
25 32
24 33
23 34
22 35
21 36
20 37
19 38
18 39
17 40
16 41
15 42

1
2
3
4
5
6
7
8
9
10
11
12
13
14

现状树木

78

7

7

10

出口

城 市 道 路

入口

300

■ 场地综合设计试题Ⅱ.8.98

【试题】

一、比例：见图Ⅱ.8.98-1（单位：m）。

二、设计条件

在城市主干道的西北侧拟建一组纪念性建筑群。其用地环境如图Ⅱ.8.98-1所示：有山丘一座，并于临河、山腰及山顶形成三处台地。山下为河，河上有桥。

三、任务要求

1. 根据已知建筑单体布置一组纪念建筑群。建筑单体平面如图Ⅱ.8.98-1所示，其中纪念阁的平台内设有给水池。

2. 根据地形和设计意图，加绘登山石阶道、广场、道路（尺寸及形状不限）。

场 地 平 面 图

图Ⅱ.8.98-1

3. 设主入口一处，应从城市道路引入，并在附近布置 20 辆车位的小轿车停车场一座（车位尺寸 3m×6m，行车道宽 7m，采用垂直停车方式）。

4. 根据已知游船码头尺寸和水位线，以及参观路线确定码头的位置。

5. 标注主要场地的设计标高三处（碑廊外地面、纪念阁平台、纪念馆外广场）。

6. 应尽量不破坏自然地形，保持原有环境。

7. 应考虑建筑群体从城市道路及河面方向观看的景观效果。

【答案】

作图答案见图Ⅱ.8.98-2。

图Ⅱ.8.98-2

【考核点】

1. 景观构成；

2. 参观路线；

3. 场地布置；

4. 竖向设计。

【提示】

1. 景观的基本构思：

（1）建筑物的平面布置应呈轴线构图，用以突出庄严肃穆的纪念氛围。

（2）应将高耸的纪念阁置于最高处，突出其标志性，用以表达纪念性主题。

（3）在城市道路轴线的交汇处应布置对景建筑，使之成为整个城市的地标之一。

（4）由低向高在三个台地上分别布置高、低建筑物，使沿河景色既有鲜明的轮廓又有丰富的层次。

2. 参观路线的组织：

主入口（或码头）→临河广场（参观纪念馆，了解事迹、历史）→山腰广场（参观碑廊，激发情感）→登纪念阁（极目远眺，缅怀追思）→原路返回，在临河广场附近购物、餐饮和休息。

3. 场地布置：

基于上述的景观构思和功能安排，场地规划自然呈如下布局：

（1）纪念阁位于山顶台地上，其平面形心位于城市道路轴线的交点上。注意：给出其平台内有高位给水池，实际已暗示了它的位置。

（2）碑廊布置在山腰台地上，并与纪念阁构成南北主轴线，用以体现纪念主题。

（3）纪念馆位于临河台地的西侧，与城市道路上的入口相对，构成东西次轴线，用以引导人流。

（4）两轴线交汇点处立塑像，四周辟为临河广场，用以转换空间和集散人流。

（5）停车场和服务部位于入口附近，以便于购物、休息和车辆出入。

（6）码头应位于枯水线和丰水线间距恰为20m处，并非在南北轴线的末端，从而使场地布置不至于过分严谨。

4. 竖向设计：

主要根据台地的自然标高确定场地的设计标高，以减少土方工程量。三处场地设计标高分别为：临河广场3.5m，山腰广场6.0m，纪念阁平台10.5m。

【评析与链接】

1. 难度适中 ★★★☆☆。

2. 从图上看，丰水线与枯水线间距为20m处并非仅此一地，故码头的定位比较牵强。

3. 考虑与城市道路的关系，临河广场和碑廊广场的场地设计标高应取3.8m和6.3m，较为合理。

4. 因此，其他应试教材的答案，与本书分别有以下不同：

（1）标高数值变更；

（2）停车场的出入口直通城市道路；

（3）服务部移至主入口道路的北侧；

（4）游船码头移至南北轴线上。

### ▓ 场地综合设计试题 Ⅱ.8.99

**【试题】**

一、比例：见图Ⅱ.8.99-1（单位：m）。

二、设计条件

1. 某城市中心拟建综合性建筑，其用地平面见图Ⅱ.8.99-1。

2. 拟建项目如后（各单体平面的尺寸不得改变，但方位可转动）：

(1) 商场：2~4层，建筑高度10~20m，其中1~2层为商店，3~4层为娱乐、餐饮，屋顶设网球场。娱乐、餐饮部分既对外营业，也为旅馆服务。

(2) 旅馆：28层，建筑高度100m。

(3) 办公楼：10层，建筑高度40m。

(4) 连廊：视需要设置，可为1~4层。

三、规划要求

1. 建筑后退用地界线或道路红线的距离：东、南、西侧均为8m，北侧为12m。

2. 交通：

(1) 东侧允许设一个车辆出入口，南侧允许设一个主出入口和一个车辆出入口。

(2) 设地面停车场一处，车位不少于25个。另在办公楼和旅馆的主入口前均设4~5个临时停车位。

(3) 停车场采用垂直式停放，车位尺寸为3m×6m，行车道宽7m。

(4) 在商场附近设≥300m²的非机动车停车场。

3. 绿化：用地内设置一个对市民开放的公共绿地，其面积≥800m²。

4. 用地内有一视觉控制线通过，该线以南建筑高度应≤12m，以北建筑高度不限。

5. 日照：建筑物的布置应保证用地北部的两栋住宅，在冬至日的有效日照时间≥1h。

(1) 当地的有效日照时间为9:00~15:00。

(2) 若建筑物距住宅南墙的距离≥该建筑物高度的1.2倍时，可不做日照分析。

(3) 当地日照参数见下表：

四、任务要求

1. 按上述条件，绘制总平面图。

2. 标出建筑物与用地界线（或道路红线）的距离、建筑物之间的距离、道路宽度。标出非机动车停车场和公共绿地范围和面积。

3. 画出机动车停车场的车位和行车道。

4. 用"▲"表示建筑物主要出入口；用"△"表示场地开向城市道路的机动车出入口。

5. 画出日照分析线，并注明日照时间值。

**【答案】** 见图Ⅱ.8.99-2。

**【考核点】**

1. 建筑布置；

2. 交通组织；

3. 绿地布置；

4. 日照分析。

| 时间 | 8：00 | 9：00 | 10：00 | 11：00 | 12：00 |
|---|---|---|---|---|---|
| | 16：00 | 15：00 | 14：00 | 13：00 | |
| 方位角 | 60° | 45° | 30° | 15° | 0° |

图Ⅱ.8.99-1

36.00

已建高层住宅A　　　　　　　　　　已建高层住宅B

12:00 13:00 14:00 10:00 11:00　12:00

下午12:00~15:00　2h以上满窗日照　　　　上午9:00~11:00　2h以上满窗日照

130.00

30.00　5.0　40.00　　4.00　35.00　8.00　15.00

9:00　10:00 11:00　　15:00　9:00　15　13:00 14:00　15:00　12.00

用地界线

26
25
24
23
22　停
21　车
20　场
19
18　7.00
17
16
15
14

1
2
3
4
5
6
7　15
8
9
10
11
12
13

28层（100m）旅馆

非机动车场315m²

4层（20m）商场

连廊

客

城
市
次
干
道

6.00

9.00

12.00

60.00

104.00

中心
绿地

10层（40m）
办公楼

2层（10m）

视觉控制线

客

8.00

800m²绿地

23.00

视觉控制线　城市道路

70.00

道路红线

北

0　5　10　20m

用地平面图

40.00

4.00　32.00　4.00

25.00

8.00
9.00
9.00
8.00

28层（100m）旅馆

25.00

25.00

30.00

10层（40m）
办公楼

35.00

4层（20m）商场

36.00

60.00

2层（10m）

24.00

连廊　长度自定

10.00

图Ⅱ.8.99-2

【提示】

1. 建筑布置

（1）首先要确定商场的位置：已知商场屋顶设有网球场，故商场应南北长向布置，其东侧距道路红线8m，4层部分的东南角应在视觉控制线上。

（2）其次要确定旅馆的位置：已知商场同时为旅馆服务，故旅馆应靠近商场西侧布置。旅馆36m宽的北外墙应正对两栋住宅的山墙间距36m（对住宅日照遮挡最小），同时距用地界线12m。另外在商场与旅馆间用连廊相接。

（3）最后确定办公楼的位置：它应位于用地的西南方位，与旅馆、商场呈"品"字形布置，形成公共内院和对外出入口。具体定位是：距西侧用地界线8m，建筑物东南角位于视觉控制线上。

2. 交通组织

（1）在内院正南设主要出入口，与城市道路相连。内院的东、北、西三个方向分别通向商场、旅馆和办公楼。

（2）沿北、西用地界线内侧设车行道（宽6m），并在东北及西南角设车辆出入口，与城市道路相连。沿该车行道可分别向商场、旅馆和办公楼开辟货流入口。

（3）在用地的西北部，临车行道设机动车停车场（25辆），并与内院相通，以便于进车和出车。在内院旅馆和办公楼主入口附近，设临时停车位（4~5辆）。

（4）商场东侧沿城市道路设两个对外营业出入口。旅馆及办公楼各设两个出入口，以满足消防疏散要求。

（5）在商场北侧外墙至车行道间布置非机动车停车场（>300m²）。

3. 绿地布置

（1）在商场南侧临城市道路转角处设公共绿地（>800m²）。

（2）在内院中央设花坛，美化环境及便于行车。

（3）建筑物四周在满足消防扑救条件的同时，尽量布置绿地。

4. 日照分析

（1）办公楼距住宅>48m（1.2×40m），商场距住宅>24m（1.2×20m），故可不做日照分析。

（2）旅馆距住宅<120m（1.2×100m），故做日照分析如下：

根据有效日照时间和日照参数，按时段在建筑最外缘的两个角点处，分别作9：00~15：00的日照方位线。由此可知：右侧住宅在9：00~11：00，左侧住宅在12：00~15：00，均可获得>2h的日照。

【评析】

1. 难度较大 ★★★☆。

2. 本题难在首先能根据视觉控制线、网球场的方向性、商场的对外性、旅馆与商场的关联性、已建高层住宅的日照要求等给出的条件，顺利确定商场、旅馆、办公楼三者的正确位置，否则很难胜出。

3. 图Ⅱ.8.99-3是〈任乃鑫编模拟题〉中同题答案之一，尽管总体布局基本正确，但在交通组织上问题较大，如：机动车无独立出入口、停车场"串联"停放等。此外，从图面上看，两栋高层住宅的间距变大后，B栋的实际日照时间为9：00~12：00。

4. 〈耿长孚编考题〉的答案与本书的差异，仅为临时停车场的布置有所不同。

图Ⅱ.8.99-3

### ■ 场地综合设计试题Ⅱ.8.00

【试题】

一、设计条件

1. 某河滨有古码头和古渔村遗址各一处，现拟在其附近建设古船博物馆及民俗研究所，建设用地如图Ⅱ.8.00-2所示。拟建建筑及专用场地见图Ⅱ.8.00-1。

2. 对外开放场地的参观顺序为：古船博物馆→露天展场→古码头遗址和古渔村遗址→民俗表演场地。用地设两个通向城市道路的出入口，一为供参观及研究所办公出入的主出入口；另一为后勤出入口。

图Ⅱ.8.00-1

3. 规划要求:

（1）建筑物应后退用地界线及道路红线≥5m。

（2）新建建筑及展演场地不得在遗址保护区控制线内布置。

4. 道路布置应满足消防及使用要求。机动车停放：对外车位数≥10辆；对内车位数≥8辆。车位尺寸为3m×6m。

5. 设计应结合环境及地形。

二、任务要求

1. 绘制总平面图，画出建筑物、展演场地、道路、广场、停车场等。

2. 注明建筑物及展演场地的名称；标注建筑物主入口及用地的主出入口和后勤出入口，用▲表示；标注用地主出入口、古船博物馆主入口、露天展场及民俗表演场地的标高。

3. 标注满足防火规范的间距尺寸。

4. 画出停车场的车位，并标明数量。

5. 画出参观起止路线，用──→连续表示。

【答案】

如图Ⅱ.8.00-3。

【提示】

1. 内业区应沿用地北界布置，以利区分内外人流和车流，互不干扰。并根据主导风向和进出方便，由西向东依次为内部餐厅、专家招待所、民俗研究所。

2. 古船博物馆及露天展场则应位于内业区与古渔村遗址之间。且应在53.00等高线以上地段（洪水位52.50m+0.5m），并根据博物馆内仓库应邻近内业区的使用要求，博物馆的长轴应为南北方向。其主入口则面向古渔村遗址，使二者融合呼应。其间布置主广场作为联系二者及古码头遗址和城市道路的空间枢纽。

图Ⅱ.8.00-2

3. 古渔村遗址已标明出入口的位置，故民俗表演场地必位于其右侧，且临近用地主出入口。

4. 停车场则应位于博物馆的东侧，以利直接通向城市道路，也便于区分内外车流。

【链接】

1.〈耿长孚编考题〉还给出一个不及格的答案。其主要问题为：露天展场位于洪水淹没区内（53.00 等高线以下）；主入口和后勤出入口，以及主广场均未能人车分流；博物馆主入口设于东南角，仅面向主广场，与古渔村和古码头遗址空间组织无序。

310

图Ⅱ.8.00-3

2. 其他应试教材均无此题。

■ 场地综合设计试题Ⅱ.8.01

【试题】

一、设计条件

1. 某城市拟建电视塔，场地平面见图Ⅱ.8.01-2。

2. 电视塔、办公楼、宿舍、职工食堂、喷泉、停车场平面尺寸及层数等见图Ⅱ.8.01-1。

3. 要求电视塔能对公众开放，并考虑城市景观，根据管理要求，电视塔场地须设置围墙，围墙外设置外部停车场及不于小 5000m² 的集散绿化广场。

4. 场地布置应符合使用及规划要求，场地内原有树木予以保留。

图Ⅱ.8.01-1

(a) 电视塔；(b) 办公楼；(c) 宿舍；(d) 职工食堂；(e) 喷泉；(f) 围墙；(g) 停车场

二、任务要求

1. 在场地内画出电视塔、附属建筑（允许转向）、道路、广场、停车场、喷泉、围墙等。

2. 标出电视塔位置尺寸、附属建筑物间距尺寸、主要道路宽度，标出车辆入口、次入口、围墙大门主入口的位置，标出建筑物主入口，用△表示。

3. 根据城市道路标高及用地地形等高线，标出场地车辆入口、围墙大门主入口及电视塔入口前室外地面设计标高。

【答案】见图Ⅱ.8.01-3。

【评析与链接】

1. 难度适中 ★★★☆☆。

2. 本题必须从城市景观的宏观角度，确定电视塔、广场和后勤区三者的正确位置。一般均能将后勤区布置在东北部，关键是电视塔和广场何者居于西侧临河高地上，及格与否在此分野。

3. 如将电视塔临街建于高地下，则必造成如下主要缺失：

（1）在通往市中心的干道上无完整对景；

（2）从河流方向仅能看到电视塔的上部，形象残缺；

（3）从次干道进入时无过渡空间，视距太短，感觉压抑；

（4）广场位于高地上，喧宾夺主。

4.〈张清编作图题〉5.4.2 的答案，办公、宿舍和食堂区无直接对外出入口。停车场临主干道距主入口较远。均不够理想。

5. 其他应试教材的答案均同本书，仅场地标高系统取值有异。〈耿长孚编考题〉还给出了电视塔位于高地下的答案。

图Ⅱ.8.01-2

图Ⅱ.8.01-3

314

# 8.2 2003年及以后的试题

场地综合设计试题各书解答对照（2003年及以后）　　　　　表Ⅱ.8.2

| 书名（简称） | 张清编作图题 | 本书（第Ⅱ篇） | 耿长孚编考题 | 曹伟浚编作图 | 陈磊编指南 | 注册网编作图 | 注册网编题解 | 任乃鑫编作图 | 研究组编作图 |
|---|---|---|---|---|---|---|---|---|---|
| 代号 | ⑧ | ⑨ | ① | ② | ③ | ④ | ⑤ | ⑥ | ⑦ |
| 2003年 | 5.4.3 | Ⅱ.8.03 | V | — | XX | V | V | V | — |
| 2004年 | 5.4.4 | Ⅱ.8.04 | X | — | 同① | V | V | V | — |
| 2005年 | X | Ⅱ.8.05 | XX | 同① | V | — | V | V | — |
| 2006年 | 5.4.6 | Ⅱ.8.06 | XX | 同① | X | V | V | V | X |
| 2007年 | 5.4.7 | Ⅱ.8.07 | XX | 同① | XX | XX | 同④ | 同④ | — |
| 2008年 | 5.4.8 | Ⅱ.8.08 | XX | 同① | — | X | 同④ | 同④ | — |
| 2009年 | 5.4.9 | Ⅱ.8.09 | XX | 同① | X | XX | 同④ | 同④ | XX |
| 2010年 | 5.4.10 | Ⅱ.8.10 | X | — | X | — | X | 同⑤ | — |
| 2011年 | 5.4.11 | Ⅱ.8.11 | XX | 同① | X | — | V | — | — |
| 2012年 | 5.4.12 | Ⅱ.8.12 | X | — | V | V | V | — | — |
| 2013年 | 5.4.13 | Ⅱ.8.13 | X | — | X | — | X | 同⑤ | — |
| 2014年 | 5.4.14 | Ⅱ.8.14 | X | — | V | — | — | V | — |
| | | | | | | | | | |
| 说明 | 试题答案 | 评析链接 | 其他辅导书的同题解答：— 无此题　V 相同　X 稍异　XX 不同（X和XX者在本书的链接中阐述） | | | | | | |

■ **场地综合设计试题Ⅱ.8.03**（同〈张清编作图题〉5.4.3）

【评析与链接】

1. 将音乐和美术馆沿主干道布置，并设专用的出入口与位于次干道的学校主入口分工明确，符合规范要求。新建教学楼临近宿舍区且环境清新，但与原教学楼较远，稍有不便。

2. 〈耿长孚编考题〉的答案一，以及其他应试教材的答案，均与本书同。

3. 〈耿长孚编考题〉的答案二如图Ⅱ.8.03-1所示。其新旧教学楼形成完整的教学区，使用方便。音乐厅和美术过于集中，各自出入口虽分居主、次干道上，但与学校主、次出入口较近，交通组织并不理想。如图书馆与行政楼换位，则对外及对内关系更好。

4. 〈耿长孚编考题〉的答案三（图Ⅱ.8.03-2）与〈陈磊编指南〉的答案相同。其总体布局兼收前述两个答案的优点，甚为合理。但须将原山丘南移，改变了设计条件，实际并无可比性。

■ **场地综合设计试题Ⅱ.8.04**（同〈张清编作图题〉5.4.4）

【评析与链接】

1. 其他辅导书的答案，仅场地和拟建建筑尺寸稍异，但布局均同。其中〈陈磊编指

图Ⅱ.8.03-1

北

0　　　　20m

实验楼 2F

教学楼 3F

操场

道路红线

15.00

人行道

169.40

4.70

教学楼 3F

3F

3F

25.00

用地红线

4.50

城市次干道主出入口

4.00

教学楼 3F

教学楼 3F

25.00

160.00

▼169.46

169.80
3辆

行政主楼 3F

古树

4.00

4.00

图书馆 4F

小河

入口广场
4003m²

喷泉

172.40
171.80
171.20
170.60

4.00

学生宿舍区

119.95

2辆

170.00

170.00

5.00

室外展场
410m²

▼169.76

▼170.00

音乐厅 2F

琴房 1F

6辆

美术广场
470m²

美术馆 1F

72.34

15.00

音乐广场
672m²

6.00

15辆

18.00

9.50

15.00

道路红线

170.00

86.41

次出入口

城市主干道

图Ⅱ.8.03-2

图Ⅱ.8.04

（1）消防车道与停车场分隔，各行其道。

（2）由于办公、连廊、展馆、库房围合后的总长大于220m，且展馆总长也已超过150m，按规范要求应设置穿过或环绕建筑物的消防车道。为此，除连廊为过街楼外，还将库房与展厅脱开布置。

2.〈耿长孚编考题〉尚提供了二个不及格答案：其一为展馆朝东，高层旅馆临主干道；其二为展馆朝向东南路口，高层办公临主干道。二者均喧宾夺主，未能突出主题。作为反面教材，有兴趣的读者不妨一阅。

## ■ 场地综合设计试题 Ⅱ.8.05

【试题】

一、设计条件

1. 某体育用地现状如图 Ⅱ.8.05-1 所示。其西侧为公园，南侧、东侧及北侧均为城市道路，且东侧已有出入口和内部道路通至已建办公楼（高 18m）。

2. 城市规划要求建筑物退后道路红线 5m。当地日照间距系数为 1.2。

3. 欲在用地内新建体育馆、训练馆、餐厅各一栋，以及运动员公寓两栋（高 20m）。各建筑的平面形状及尺寸见图 Ⅱ.8.05-1。

二、任务要求

1. 体育馆主入口朝南，其前面的广场面积不小于 4000m²。

体育馆四周 18m 范围内不得布置其他建筑物和停车场。

2. 训练馆与公寓和体育馆均应有便利的联系。

3. 小汽车停车场面积不小于 4000m²，车位尺寸 3m×6m，行车道及出入口宽 7m。画出停车带和出入口即可。

另外，择地布置电视转播车及运动员专车停车位 10 个（4m×12m），以及贵宾停车位 12 个（3m×6m）各一处。

4. 自行车停车场面积不小于 1200m²。

5. 布置新建建筑、广场、汽车及自行车停车场、绿地、道路及出入口，标注相关尺寸和出入口的性质（对内、对外、人流、车流）。

【答案】

作图答案见图 Ⅱ.8.05-2。

【考核点】

1. 建筑物布局的功能关系；

2. 停车场的布置及人流、车流的组织；

3. 日照间距系数；

4. 建筑控制线；

5. 室外空间组合及景观效果。

【提示】

1. 两栋公寓和餐厅布置在用地东北角的地块内，接近东入口和办公楼，对内对外方便。公寓间距为 20×1.2＝24m，公寓及办公楼间距亦为 7m＋7m＋10m＝24m＞18m×1.2＝21.6m，满足日照要求。

2. 训练馆位于公寓和体育馆之间，并临近场地北入口，联系便利。

3. 体育馆西邻公园，东侧正对已有道路及场地东入口。北侧为与训练馆共用的场地的北入口。南侧为该馆主入口，其外为面对城市道路的主广场，用于人流集散，并构成对外景观的主体。体育馆四周为环路，以利疏导人流和满足消防要求。

4. 主要小汽车停车场位于体育馆与办公楼之间，直接通向南侧城市道路，与主广场有绿地相隔，互不干扰。

5. 自行车停车场位于办公楼南侧（场地的东南角），出入极为顺畅。

图Ⅱ.8.05-1

体育馆 55.0 × 55.0

训练馆 36.0 × 36.0

运动员公寓（20m）12.0 × 60.0

运动员公寓（20m）12.0 × 48.0

餐厅 6.0

办公楼 18m

城市道路

道路红线

城市道路

道路红线

城市道路

用地界线

公园用地

场地平面图

0 5 10m

北

320

图Ⅱ. 8.05-2

场地平面图  0 5 10m

321

6. 对外（观众）人流、车流均直接面向城市道路，对内（含贵宾）人流、车流则从场地东入口出入；场地北入口为对外辅助出入口。故人流、车流、对内、对外的交通组织明确合理。

7. 场地内新旧建筑构成"凹"字形围合空间，并对体育馆成烘托之势，其西侧公园为绿化背景，使体育馆的主体形象尤为突出，从而成为城市景观的亮点。

【评析】

1. 难度适中 ★★★☆☆。

2. 首先应从分析场地现状入手，根据功能关系、建筑单体及日照间距尺寸，判定公寓、餐厅、自行车停车场的位置；随之训练馆、体育馆、汽车停车场的位置才能正确推定。

【链接】

1. 〈张清编作图题〉给出的场地和拟建建筑的尺寸与本书差异较大，但总体布局仍基本相同。仅专用车辆的停车场移至西北角，由北侧城市道路直接出入。自行车存放沿场地西界布置。

2. 〈耿长孚编考题〉此题给出的场地和拟建建筑尺寸与〈张清编作图题〉基本相同，但将训练馆与大停车场换位，车辆出入口开向北侧城市道路，使人车分流更为明确。专用车辆停车场仍位于两者之间，自行车存放位于训练馆南侧，沿城市干道布置。

该答案虽然训练馆距运动员公寓较远，且位于体育馆的右前方，难免喧宾夺主。但仍应视为及格答案。

3. 其他辅导书的答案均同本书。

4. 综上可知：本题因训练馆与大停车场位置的不同，可形成两类及格答案。因此，只有在设计条件中进一步明确训练馆是否应毗邻运动员宿舍？大停车场的出入口应开向那条城市道路？才能确保正确答案的唯一性。

■ 场地综合设计试题 Ⅱ.8.06（同〈张清编作图题〉5.4.6）

【评析与链接】

1. 多数辅导书本题的设计条件和答案差异不大：

（1）日照间距系数多为1.5，仅一书为1：2。但不论何值，由于拟建建筑高度均较低（6~12m），故对建筑间距均未起到限定作用。

（2）有的辅导书将"住宅型疗养楼"改为"住宅"，按职工内部用房对待。但未影响总体布局。

（3）设计条件"要求将介助、介护等和行政接待保健综合楼等用连廊连接"，因对其中"等"的含义理解不同，故有的答案仅将介助、介护和行政接待保健综合楼三栋建筑用连廊连接，未含自理和餐饮娱乐综合楼在内（图Ⅱ.8.06）。

（4）不少答案（包括〈张清编作图题〉）均能根据要求，保证救护车可到达各楼。但沿介助楼长边却未设置消防车道。

2. 〈耿长孚编考题〉此题的设计条件无变化，但答案布局与其他辅导书差异较大，也无致命缺点，故仍视为合格。也即本题的正确答案并不唯一。

其总体布局的主要不同是：在用地中部偏南设东西向干道，连接西侧出入口和东侧中心广场。该路以北布置自理及介护和介助型疗养楼、行政接待保健综合楼、健身场地；该路以南则布置停车场、住宅型疗养楼、餐饮娱乐综合楼。分区集中，功能清晰。

3.〈研究组编作图〉的答案将自理楼居中，西端与介助、介护楼平，东端伸向入口广场，其他无大异。

图Ⅱ.8.06

■ **场地综合设计试题Ⅱ.8.07**（同〈张清编作图题〉5.4.7）

【评析与链接】

1. 该答案的主要缺点是：连廊不应穿过手术楼，以免其变为"交通枢纽"。即连廊应贴门诊楼、手术楼和病房楼的山墙布置（如〈陈磊编指南〉的答案所示）。

2.〈陈磊编指南〉的答案见图Ⅱ.8.07-1。其设计条件有所变化：如用地及拟建建筑的平面尺寸稍异、科研区位于用地的西侧、花园尺寸未限定等。但总体布局除办公科研楼与门诊楼换位，以便接近科研区外。门诊楼、手术楼、医技楼和病房楼四者的相对位置未变，且连廊的位置也较合理。

3.〈任乃鑫编模拟题〉等三本辅导书的设计条件仅未标注科研区的位置（或位于用地的东侧），其他无变更，但答案均如图Ⅱ.8.07-2所示。其不足之处在于：建筑组合不够简洁，如调整为图Ⅱ.8.07-3的布局则更合理。

4.〈耿长孚编考题〉的设计条件图中未标注用地尺寸，但拟建建筑尺寸及其他要求未变。其答案与〈张清编作图题〉答案的最大区别是：将病房楼南移，以便将手术楼布置在

图Ⅱ.8.07-1

其东北角，相应医技楼也西移，三者与门诊楼用连廊连接。其中手术楼一般均主要服务于病房楼（特别是外科病房），故距门诊楼较远也并非不可。

5. 综上可知，本题的"合格答案"众多，究其原因在于设计条件设置不足、过于宽松之故。以图Ⅱ8.07-3所示的答案为例，如增加一些关键性的要求，则可保证该答案的唯一性。

场地地平面 1:500

图Ⅱ.8.07-2

图 Ⅱ.8.07-3

（1）将花园改为位于西侧中部应保留的已有绿地。则病房必然位于用地的西北角，南向面对花园以获得良好环境；北临城市道路可设专用出入口。随之，传染病房因主导风向为西南风，又不能位邻人流频繁、众多的城市干道和门诊楼，而只能布置在用地的东北角，距其他建筑≥30m，向东侧城市道路开设专用出入口。

（2）明确标注用地西侧隔城市道路为科研区。则办公科研楼为与其邻近，只能位于用地的西南角，向西设出入口便于二者联系，同时也可由主入口广场出入。随之，门诊楼则必须在其东侧沿城市干道布置。

（3）规定主要停车场（≥1500m²）应从东侧城市道路出入。则医技楼与手术楼不能换位，不然必造成停车场面积不足、距传染病房<30m且手术楼距病房楼较远，联系不便。

■ **场地综合设计试题 Ⅱ.8.08**（同〈张清编作图题〉5.4.8）

**【评析与链接】**

1. 其他辅导书本题给出的日照间距系数均为1.3，仅〈张清编作图题〉为1.1。导致其答案中的住宅间距，以及会所、景观住宅退道路红线的距离，均与相应的日照间距和规划限值偏离较大，失去了控制意义。因为本题的基本考核点是根据给定的日照间距系数，布置尽可能多的建筑面积。

如改按1.3计算，答案图中的相关数值应调整如下，则更为合理。

（1）下列住宅对北侧建筑的日照影响距离：

景观住宅为 14m×1.3＝18.2m；

A型住宅为 27m×1.3＝29.9m；

B型住宅为 18m×1.3＝23.4m；

C型带底商住宅为（33m+1m-4m）×1.3＝39m（因路北已建住宅也带4m高底商）。

（2）西侧建筑间距修改如后：

C型带底商住宅退道路红线恰为 39m-24m-5m＝10m；

A型住宅距C型带底商住宅由30m增至30.8m（或仍为30m）；

D型景观住宅距A型住宅由18m增至18.2m（或为19m）；

D型景观住宅退道路红线由11m（原图未标注）减至10m。

（3）东侧建筑间距修改后：

D型景观住宅退道路红线由13m（原图未标注）减至10m；

B型住宅距D型景观住宅由18m增至18.2m；

C型住宅距B型住宅由21m增至23.4m；

会所距C型住宅由20m增至25.4m（扩大内院）；

会所退道路红线由10m减至5m（因其对路北已建住宅无日照遮挡，不必退10m与C型带底商住宅看齐）。

2.〈耿长孚编考题〉此题给出的设计条件，除日照间距系数为1.3外，均无变化。但作者认为：根据设计程序，容积率是规划给定的指标，不应由业主或设计人自荐。且其值不能是"小于"或是"约"，而是"为"或"等于"。因此，作者首先根据给出的4个容积率可选值，反算出可能的4组建筑组合。结果只有（2A+1B+1C+2D）住宅+会所组合的容积率恰为1.45，故视为正确答案，然后按照此组合完成总平面布置。而（1A+1B+2C+2D）住宅+会所的组合则因容积率1.51666<1.52，虽然数值极为近似且大于1.45，但并不被视为更佳答案。

前已述及：本题的基本考核点是根据给定的日照间距系数，布置尽可能多的住宅建筑面积。要求计算容积率并回答选择题中的相应数值，目的在于通过电子判分，尽早筛除错误答案。如完全由人工判卷，则无须先计算容积率，也可判断何种住宅组合建筑面积最大。因此解题的过程仍应是先进行绘图，然后计算容积率和回答选择题即可。

由于用地面积和建筑面积的计算，只要是在允许的精度内，其实都是"四舍五入"的"近似值"。因此，容积率为 1.51666 时即可视为等于 1.52，此值大于 1.45，故更应视为正确的建筑组合答案。

在工程实践中，除城市的特殊地段为确保土地利用的经济效益和城市面貌，容积率不得低于规划值外，在一般地区，如业主愿意降低容积率，用以优化室外环境，规划部门也乐观其成。

3. 其他辅导书此题答案的建筑组合布局及容积率均与〈张清编作图题〉相同，但建筑间距为日照间距系数 1.3 调整后的数值。在设计条件中将"容积率≤2.0"改为"容积率最大"，以及要求布置的各型住宅均不得少于一栋。

■ 场地综合设计试题Ⅱ.8.09（同〈张清编作图题〉5.4.9）

【评析与链接】

1.〈陈磊编指南〉此题的设计条件变化较大：

（1）用地范围及拟建建筑和运动场地的尺寸有异、不要求布置连廊、古树北移；

（2）日照间距系数增至 1.5；

（3）等高距变为 1.0m，全部为坡地，用以考核坡度>10%处不得布置建筑物和运动场地。

但答案（图Ⅱ.8.09-1）的总体布局与〈张清编作图题〉仍基本相同。仅篮排球场地与风雨操场、综合楼与一栋教学楼换位，自行车棚东移。

2. 其他辅导书的答案多如图Ⅱ.8.09-2所示。其设计条件变化也较大，势必影响答案的布局：

（1）场地东西向变窄、南北向变长，故风雨操场和篮排球场地均可位于田径场地以南。

（2）宿舍、综合楼、实验楼加长，故教学区实为一栋连体建筑，与生活区之间无南北向主路，必然使瞬时的大量人流拥挤在连廊内，布局欠佳。

（3）根据《总图制图标准》的规定，图内的距离尺寸应以米为单位。南北向尺寸的标注也应反向才对。

3.〈曹伟浚编作图〉此题的设计条件变化更大，主要是将用地的南北向尺寸加长和坡地范围加大、拟建建筑的平面尺寸和高度，以及运动场地的尺寸和数量均有差异。故其答案"与众不同"，但也缺点明显：

（1）学生食堂与宿舍三栋建筑沿北界自西向东一字排开，虽位于<10%的坡度区内，但与坡向呈45°夹角，土方工程量较大。

（2）风雨操场偏居用地西南角，用以围合主入口广场。距教学楼、宿舍和运动场地均较远，使用不便。

4.〈研究组编作图〉的答案将风雨操场和篮排球场布置在东北角山丘的右下方，与东侧的运动场构成运动区；食堂和宿舍则位于西侧的北部形成生活区；用地的中部布置实验楼、教学楼和阶梯教室，与西侧南部的图书办公楼及入口广场组成教学区。功能分区明确、人流组织通畅，也不失为合格的解答。

图Ⅱ.8.09-1

329

图II. 8. 09-2

330

■ **场地综合设计试题 Ⅱ.8.10**（同〈张清编作图题〉5.4.10）

【评析与链接】

1. 用地的东北部为生态保护区，但该答案对此考虑不足，例如：

（1）用地内的外环路网，在东北部应沿标高 100.00 等高线至东界后向南。沿东界向北通至别墅的道路应为设回车场的尽端路，以尽量避免破坏原有地貌。

（2）同理，最北边的两栋别墅应位于相对平坦的标高 101.00 至 102.00 等高线之间。该两栋别墅之间可设回车场地。

（3）主要作为消防车道的路段，其路宽可减至 4m。此外，对于多层建筑只需有一个长边设有消防车道即可，故综合楼后东西向的道路宜移至楼前与广场相结合，则更加合理。

（4）调整后的答案如图Ⅱ.8.10所示。

图Ⅱ.8.10

2. 其他辅导书答案的总体布局和路网均基本同图Ⅱ.8.10。其中〈陈磊编指南〉的答案，将三栋别墅集中在东北角坡地的上部，呈"一二"状布置，内院兼作回车场，但一栋别墅沿长边无消防车道，系美中不足。还有，其连廊贴建于三栋疗养楼的东山墙外，与使用频繁的餐厅娱乐楼联系不够直接。

■ 场地综合设计试题 Ⅱ.8.11

【试题】

一、设计条件

1. 某企业拟在已建厂区西侧扩建科研办公生活区，用地及周边环境如图Ⅱ.8.11-1所示。

2. 拟建建筑及专用场地如下：

（1）行政办公楼（9F）一栋：70m×18m×36m（长×宽×高，下同），系该区主体建筑，应与科研楼、会议中心等均有方便的联系；

（2）科研楼（5F）三栋：50m×15m×18m，底层用6m宽连廊连接。应便于对外和联系已建厂区；

（3）会议中心（2F）一栋：40m×40m×20m，兼顾对外使用；

（4）宿舍（6F）三栋：42m×12m×18m；

（5）食堂（2F）一栋：30m×30m×10m，并设后院一处；

（6）行政广场：≥5000m²；

（7）停车场：≥1800m²，主要供行政办公楼和会议中心使用；

（8）篮球场三个：3×（19m×32m），应集中布置。

3. 规划设计要求：

（1）建筑物应后退城市干道≥20m，后退城市支路≥15m，后退用地界线≥10m。

（2）当地居住建筑日照间距系数为1.5，科研楼建筑间距系数为1.0。建筑物均为正南北向布置。

（3）保留树木树冠投影范围内不得布置建筑物、道路和场地。沿城市道路交叉口处宜布置绿地。

（4）沿城市干道及支路开设主、次入口各一处。

（5）防火要求：已建厂房的火灾危险性分类为甲级，耐火等级为二级；拟建高层建筑的耐火等级为一级，拟建多层建筑的耐火等级为二级。

二、任务要求

1. 绘图要求

（1）布置拟建建筑，并标注相关尺寸和名称；

（2）布置三个专用场地和主要道路（单车道4m、双车道7m），以及主、次入口，并标注名称和面积。

2. 回答问题

（1）行政办公楼位于 [    ] 地块。

A. D        B. E        C. F        D. G

（2）科研楼位于 [    ] 地块。

A. A+D        B. D+G        C. C+F        D. F+I

图Ⅱ.8.11-1

333

（3）宿舍位于［　　］地块。

A. A+D+G　　B. A+B+C　　C. A+B+D　　D. B+C+F

（4）食堂位于［　　］地块。

A. A　　　　B. B　　　　C. C　　　　D. D

【答案】

1. 绘图答案见图Ⅱ.8.11-2。

2. 问题答案：（1）B　　　（2）D　　　（3）C　　　（4）B

【考核点】

1. 建筑物的功能组合与布局；

2. 人流与车流的组织：广场、道路、停车场和对外出入口的布置；

3. 日照间距、防火间距和古木保护。

【提示】

1. 根据用地现状及使用功能，业务区应居前部，南临城市干道直接对外。生活区居后部，便于内部联系，并可由西侧的城市支路出入。

2. 业务区的行政办公楼为主体建筑故应居中，其前辟行政广场，临城市干道设主入口；因科研楼同时应与已建厂区有方便的联系，故位于该区东侧。根据建筑间距系数（1.0）和建筑高度（18m），其间距也为18m；会议中心则应位于该区西侧，根据设计条件，其与交叉路口之间布置绿地。

三栋建筑的体量依次为小、大、较大，主次分明、高低错落，共呈围合之势面向干道，并融入交叉路口的城市空间。

3. 生活区内宿舍的平面尺寸恰与已建住宅匹配，故应位于该区西部，与已建住宅形成一体。根据日照间距系数（1.5）及其建筑高度（18m），间距为27m。同时，宿舍距行政办公楼>54m（36m×1.5）、距会议中心>30m（20m×1.5），均无日照遮挡；食堂则应位于该区中部，临近宿舍、行政办公楼和科研楼，使用方便；上述建筑围合成尺度宜人的内院，并可经西侧的次入口与城市支路联系；篮球场则位于该区的东北角，干扰最小。

4. 根据《建规》表3.4.1的规定，甲类厂房与民用建筑的防火间距均为25m。现科研楼与已建厂房的间距为15m+10m=25m，符合要求。其他处多层建筑的间距均≥6m，高层与多层建筑的间距均≥9m。

5. 停车场的位置为便于行政办公楼和会议中心使用，故位于会议中心的北侧，由主、次入口均可进出，但对相邻的宿舍干扰较大。

内部道路应根据车流量和消防规定，采用不同的宽度。其中高层的行政办公楼四周应设消防环路，其他多层建筑至少沿一个长边应设消防车道。

【评析】

1. 难度适中 ★★★☆☆。

2. 根据经验，在建筑定位时，宜靠可建用地的外沿布置，尽量留出较大的内部空间，以利进一步布局。

3. 甲类厂房与民用建筑的防火间距（25m）不是建筑师应熟记的常用数据，考查此值无必要。

4. 由于设计条件设置不足，因而不能确保"正确答案"（图Ⅱ.8.11-2）的唯一性。

图Ⅱ.8.11-2

335

（1）及格答案一（图Ⅱ.8.11-3）：仅将食堂与篮球场换位，其他与"正确答案"无异。虽然食堂位置较偏，使用不便；篮球场居中，干扰较大；但从整体观之，仍属及格之列。

（2）及格答案二（图Ⅱ.8.11-4）：与"正确答案"相比，布局变化较大，但并无违规之处。宿舍楼均沿北界布置，远离停车场，干扰较小，与食堂关系尚可。只是篮球场居中，生活区空间围合较差，显得空旷。

（3）及格方案三（图8.4.4-5）：仅将及格方案二中的会议中心与停车场换位，生活区空间围合关系改善，但会议中心对外不够直接。沿交叉路口的绿地面积未减，行政广场向交叉路口敞开，行政办公楼在城市景观中更为突出。

（4）为确保"正确答案"的唯一性，应增加设计条件进行限定。例如：可以要求停车场同时兼顾宿舍使用方便，则停车场与会议中心换位则属不合设计要求。又如：可在现状图内的Ⅰ、Ⅱ两处增加保留树木（图Ⅱ.8.11-6），即可排除篮球场与食堂换位（图8.4.4-3）和占用行政办公楼后部用地（图Ⅱ.8.11-4和图Ⅱ.8.11-5）的可能，则上述及格答案均不可能出现。

【链接】

1.〈张清编作图题〉和〈陈磊编指南〉的解答，增加主导风向为西南向，并据此食堂位于东北角、篮球场位于其西侧，如图Ⅱ.8.11-3（及格答案一）所示。

后者还将停车场沿会议中心和办公楼北侧东西向狭长布置，并阻断南北通道，似有不妥。

2.〈耿长孚编考题〉推荐答案的会议中心位于办公楼之后，篮球场和停车场均布置在用地西南角，以利今后发展。虽差异较大，但仍应视为合格答案。

3. 其他辅导书的答案与本书"正确答案"（图Ⅱ.8.11-2）基本相同，仅路网布置有异。

■ **场地综合设计试题Ⅱ.8.12**（同〈张清编作图题〉5.4.12）

【评析与链接】

1. 设计条件给出已建保护建筑的耐火等级为三级、拟建高层办公楼和多层档案馆的耐火等级分别为一级和二级，并以三者之间的防火间距（11m和7m）为考核点。但该规定值不在建筑师应熟记之列，故命题不够恰当。

2. 在给出的现状图中，已建住宅位于坡地5.00和6.00等高线之间，而答案图中研究中心的位置位于坡地3.00和4.00等高线之间，虽然邻近4.00等高线，但不能因此就判定二者的室外高差为5.00-4.00＝1.00（m）。并以此值计算二者的日照间距应为（26m-1m）×1.5＝37.5m。如考生对室外高差取值稍异，必导致失分。若将现状图中5.00等高线改为挡土墙，形成高差1m的台地，则可避免误解，命题更为准确。

3.〈陈磊编指南〉此题的设计条件仅等高线数值不同，其他无异。但在答案中，计算研究中心与已建住宅的日照间距时，认为因北部的场地坡度约为3%，可不考虑二者室外地面高差的影响。故二者的日照间距为26m×1.5＝39m，不知依据何条规定？

4. 除〈耿长孚编考题〉将规划展览馆（含室外展场）与市民办公大厅换位外，其他应试教材的答案均同本书。

图Ⅱ.8.11-3

图Ⅱ.8.11-4

338

图Ⅱ.8.11-5

339

图Ⅱ.8.11-6

■ **场地综合设计试题Ⅱ.8.13**（同〈张清编作图题〉5.4.13）

【评析与链接】

1.〈张清编作图题〉答案中的连廊应调整为通长的直线型，病房楼、医技楼、门诊楼和科研办公楼均以山墙与其贴建，则更为合理。其他应试教材均如此布置，故完全可行。

2. 总体布局各书基本相同，其中科研办公楼位于南入口的答案各书均有。尚有两书也提供了该楼位于北入口的答案。

■ **场地综合设计试题Ⅱ.8.14**（同〈张清编作图题〉5.4.14）

【评析与链接】

该题的答案各书基本相同，仅局部处理有异，现分述如下：

1. 除〈张清编作图题〉外，其他辅导书均将东侧的五栋建筑距地界10m布置。不仅序列规整，而且可使场地的北出入口与路北厂区大门对位，交通和街景更为和谐顺畅。

2.〈耿长孚编考题〉的答案将停车场与观众服务楼换位，并沿湖滨路开设车辆专用出入口，人车分流更加分明。

3.〈任乃鑫编作图〉和〈陈磊编指南〉的答案均环水面布置消防车道，且未通至三栋工艺师工作室的长边。而〈张清编作图题〉的答案为沿用地界线的内侧布置环路，临水面为步行道，显然更为合理。

# 第9章 场 地 布 置

场地布置试题属于单项题，仅要求根据给定的用地范围和条件，划分拟建的功能区域或布置建筑物，而不必表达其他场地设计的内容。此项显然也正是场地综合设计试题的首要考核点，为减少题量，自 2003 年已被取消，其考查内容并入场地综合设计试题内。故本章也仅为 2003 年以前的试题。

场地布置试题各书解答对照（2003 年以前） 表Ⅱ.9.1

| 书名 | 简称 | 本书<br>（第Ⅱ篇） | 耿长孚<br>编考题 | 曹伟浚<br>编作图 | 陈磊<br>编指南 | 注册网<br>编作图 | 注册网<br>编题解 | 任乃鑫<br>编作图 | 研究组<br>编作图 | 张清编<br>作图题 |
|---|---|---|---|---|---|---|---|---|---|---|
| | 代号 | ⑨ | ① | ② | ③ | ④ | ⑤ | ⑥ | ⑦ | ⑧ |
| 年份及<br>题号 | 1994 年 | 未考此类题 | | | | | | | | |
| | 1995 年 | 停考 | | | | | | | | |
| | 1996 年 | Ⅱ.9.96 | — | — | — | — | — | — | — | — |
| | 1997 年 | 暂缺 | | | | | | | | |
| | 1998 年 | Ⅱ.9.98 | V | V | — | V | — | — | — | — |
| | 1999 年 | 未考此类题 | | | | | | | | |
| | 2000 年 | Ⅱ.9.00 | V | — | — | — | — | — | — | — |
| | 2001 年 | Ⅱ.9.01 | V | — | V | — | V | — | — | X |
| | 2002 年 | 停考 | | | | | | | | |
| 说明 | | 试题、答案、<br>评析、链接 | 其他辅导书的同题解答：—无此题　V 相同　X 稍异　XX 不同（X 和 XX 者在本书的链接中阐述） | | | | | | | |

## ▨ 场地布置试题Ⅱ.9.96

一、设计条件

1. 在游览区内的寺院与遗址公园之间有"L"形空地一处（图Ⅱ.9.96-1），拟在其内建设宾馆、博物馆、茶餐厅、导游亭等四栋建筑（图Ⅱ.9.96-2）。

2. 规划允许建筑压道路红线布置，但均应距遗址公园围墙≥10m。

二、任务要求

1. 新建筑的布置应考虑与现有古建遗存的平面对位及空间组合的关系，并应功能合理、人流顺畅。

2. 仅画建筑定位，不必画新建的道路、广场、绿地等。

三、评析与链接

1. 答案如图Ⅱ.9.96-3所示。

2. 根据博物馆、茶餐厅、宾馆三栋主要建筑的层数依次为 1、2、4 层的特点，首先确定三者应由西向东次第升高，并在雕像四周布置广场的基本格局。以弱化新建筑对寺院，

341

图Ⅱ.9.96-1

图Ⅱ.9.96-2

342

特别是对古塔的压迫感，形成向心的融合空间，延续古迹的主导地位。据此可知宾馆应位于用地的东端。

3. 从功能特点分析，博物馆与寺院的文化内涵相通，且高度最低，故应位于用地最北端。其次入口与古塔东西轴线上的东门对位，主入口则朝南口面向广场，形成连续的参观路线。

茶餐厅自然应位于广场东侧，沿城市道路与宾馆相邻，可迎接各方来客。

4. 导游亭则应位于广场西南角，据守路口，占尽地利。

5. 其他应试教材均无此题。

图Ⅱ.9.96-3

■ 场地布置试题 Ⅱ.9.98

一、设计条件

1. 某医院用地现状及拟建筑的单体平面见图Ⅱ.9.98-1。

2. 用地中古树应保留，建筑单体平面和朝向不得改动，但连廊的长短和方向可根据需要设置。

二、任务要求

1. 布置拟建的建筑物，不需画道路、广场和绿地，仅标示停车场的位置。

2. 在拟建的建筑物旁，标注门诊、急诊、出入院和探视人流，以及供应、污物（含尸体）流线。

3. 标示医院主要人流和车流出入口。

三、评析与链接

由于用地南侧为已建的医院生活区，北侧为小河且无城市道路，因此医院就诊人流和

北

常年主导风向

0  10  20  30m

小河

保留古树

主要道路

主要道路

用地红线

医院生活区

次要道路

12.00 ① 门诊 30.00

12.00 ② 病房、手术 35.00

12.00 ③ 辅助医疗 12.00

15.00 ④ 营养厨房 20.00

6.00 ⑤ 太平间 6.00

3.00 ⑥ 连廊（长度自定）

图Ⅱ.9.98-1

车流的出入口只能在东侧或西侧的城市道路上。此点也即首先决定了门诊楼的位置，其他建筑则可随之定位，故可形成如下两个答案：

1. 东入口答案见图Ⅱ.9.98-2，摘自〈耿长孚编考题〉一书。该布局的最大优点是：就诊人流和车流出入在东侧，而供应、污物（含尸体）物流均在西侧，二者绝对隔绝。太平间与营养厨房均居下风向，太平间位置隐蔽，距病房手术、门诊及污物出口均短捷。辅助医疗位于门诊与病房手术之间，服务方便。仅急诊人流宜移至门诊楼东端，以避免与大量门诊人流的交叉。但就总体而论，仍不失为优秀答案。

图Ⅱ.9.98-2

2. 西入口答案见图Ⅱ.9.98-3。与东入口答案相比，本方案的建筑组合显得不够舒展，辅助医疗位置较偏。太平间位置较暴露，距门诊较远且迂回，难免交叉。如将其与营养厨房换位，虽然依旧均位于下风向，但太平间将与就诊人流同侧，更不理想。尤其是就诊人流及车流与供应物流同侧，不如东入口答案理想，故仅能视为及格答案。

3. 综上所述，可知应指定医院主出入口的位置，才能保证答案的唯一性。

4. 其他应试教材此题的答案均同本书的图Ⅱ.9.98-2。

图Ⅱ.9.98-3（及格方案）

■ 场地布置试题Ⅱ.9.00

【试题】

一、设计条件

1. 某中学扩建，场地平面如图Ⅱ.9.00-1所示。

346

图 II.9.00-1

2. 扩建工程包括：

（1）教学楼两栋（每栋 10m×35m，四层）。

（2）风雨操场兼礼堂一栋（24m×36m，一层）。

（3）田径运动场一个（占地 54.5m×129m）。

（4）篮球场四个（每个占地 19m×32m）。

（5）排球场四个（每个占地 15m×24m）。

（6）种植实验园地一处（占地 32m×32m）。

3. 原有校舍应保留，原有运动场地可根据需要拆除或保留。

4. 建筑物间可根据需要设置连廊。

二、任务要求

1. 根据上述条件和《中小学校建筑设计规范》的有关规定进行场地布置。不画道路、广场、绿化，运动场地仅画出占地界线即可。

2 建筑及运动场地的平面形状及尺寸不得变动，但可以旋转。

3. 标注建筑物和专用场地的名称。

【答案与提示】

1. 正确答案如图Ⅱ.9.00-2所示。

图Ⅱ.9.00-2

2. 首先根据田径运动场长轴应为南北方向的规定，以及远离教学区的原则，将其沿东侧城市道路布置。

3. 再根据教室长边相对，以及长边距运动场地边界均应≥25m的规定。将两栋教学楼和种植实验园地，沿用地西界平行原校舍由南向北依次布置，以形成安静的教学环境。

4. 风雨操场则位于原校舍的东南，二者围合出校前广场。同时用连廊将四栋建筑连为完整的教学区。

5. 原排球场保留，并向北再扩建两个。四个篮球场则在种植实验园地以东，沿用地北界布置。从而使三个相邻的运动场地和风雨操场构成完整的运动区。

**【链接】**

仅〈耿长孚编考题〉有此题，并与本书同，且提供了一个不及格答案。其主要问题在于：

1. 为利用原有运动跑道，不惜将田径运动场的长轴呈东西方向沿用地北界布置，违反相关规定。且将四个篮球场均布置在原校舍的后面。

2. 又将两栋教学楼布置在原校舍东侧（原篮球、排球场地处），导致教学区被运动场地和居住区道路环抱，环境太差。

■ **场地布置试题 Ⅱ.9.01**

一、设计条件

1. 某城市拟在某名人故居西侧修建艺术馆一座，用地北侧有一古塔，南侧为湖滨公园，如图Ⅱ.9.01-1所示。

2. 规划及设计要求：沿用地界线5m以内不得布置建筑物和展场；沿湖岸A、B两点间观看古塔无遮挡；应满足艺术馆和名人故居2个景点连续参观的要求；结合环境留出不小于900m² 供观众休息的集中绿地。

3. 艺术馆拟建项目的名称、层数、平面形状及尺寸（可旋转）详见图Ⅱ.9.01-1。

二、任务要求

画出场地布置图，标明项目名称、场地主入口和集中绿地，不必画道路、广场。

三、评析与链接

1. 正确答案见图Ⅱ.9.01-2。如将库房、研究所与陈列厅换位布置，以及将茶室下移至小桥正对。则很难及格，主要有两点失误：

（1）新建的艺术馆未能与东侧已有的自然环境及名人故居融为一体，以便形成连续的空间组合及参观流线。

（2）艺术馆自身的建筑组合，也因库房、研究所和停车场居中，而将陈列厅与室外展场割裂，导致功能分区混杂，参观路线不畅。

2.〈张清编作图题〉5.4.1的答案，有如下不足，故不够理想。

（1）研究所与陈列厅和库房未形成整体，茶室距陈列厅太近，建筑缺乏整合、梳理。

（2）拟建部分与已建名人故居在平面布局，以及参观流线上无明确的对应和联系。

3. 其他应试教材的此题均同本书。

北

0 10 20 30

古塔25m高

用地界线

120.0

水

80.0

池

道路红线

城市道路

A₊          B₊          湖滨公园

湖面

茶室9×9

库房
24×15

陈列厅
30×30

室外展场
30×30

停车场
15×18

研究所
24×15

图Ⅱ.9.01-1

北

0  10  20  30m

古塔25m高

用地界线

120.0

80.0

库房

研究所    陈列厅

停车场

主入口

室外展场

集中绿地
900m²

茶室

水

池

道路红线

城市道路

A    B    湖滨公园

湖面

图Ⅱ.9.01-2

# 附录篇

## 通用解题模式和专题研讨

# 附录一

# 简化截面法求护坡转角线（面）的顶（脚）点

## 一、概述

如本书3.1和3.2节所述，当设计场地的边缘与自然地面出现高差时，应用修坡（调整自然地面等高线）、护坡或挡土墙等工程措施进行处理。从历年的场地地形作图题观之，对护坡类的试题多感困难。特别是要求绘制护坡范围线（也即护坡与自然地面的交线和填挖方的零线）时，需用截面法求出护坡转角线（或转角面）的顶点（或脚点）——护坡转角处以护坡面交线转折者称转角线、以圆锥面过渡者称转角面；挖方护坡者需求顶点、填方护坡者需求脚点。由于截面法绘图较为复杂，以致考生难以在限时内完成解答。

1. 护坡范围线在非转角处的求法比较简单：先画护坡等高线，并标出与同名自然地面等高线的交点（如附图1-3~附图1-12中的1、3、5……和2、4、6……点）然后顺序连接诸点即得之。

2. 护坡范围线在转角处的绘制，关键在于求得该处护坡转角线（面）的顶（脚）点。

（1）如前所述，护坡转角处有两种工程做法：以护坡交线转折者称转角线、以圆锥面过渡者称转角面。其几何关系如附图1-1所示。从图中可明确三点：

其一，1/4 圆锥体（A-OA$_2$A$_1$A$_3$）小于 1/4 方锥体（A-OA$_2$A$_4$A$_3$）的体积；

其二，∠A A$_1$O=∠A A$_2$O=∠A A$_3$O，即转角面上的护坡坡度仍与非转角处相同；

- 台地ABC为平面,无坡度
  ∠CAB为90° 阳角
- 自然地面C$_2$C$_1$A$_4$B$_1$B$_2$
  为平面,无坡度。

转角线做法

转角面做法

附图 1-1

其三，∠A A₄O 小于∠A A₁O，即转角线的坡度<护坡坡度。

故转角线做法比转角面做法的占地范围大，且当自然地面有坡度时其顶（脚）点的高度也较大。

综上可知，转角面做法除砌筑较复杂外，其护坡的工程量、占地范围和高度均小于转角线做法，故在大型护坡工程中采用较多。但转角面做法用于台地的阳角处才较转角线做法经济，用于台地阴角处时则相反（附图1-7~附图1-9）。

（2）护坡转角线的绘制较为简单，将台地转角两侧的护坡等高线延长，连接其交点即得。对于护坡转角面的等高线表达则如附图1-2所示，由于坡度未变，故圆锥面上的护坡等高线是以台地角点为圆心的同心圆，其间距与非转角处的护坡等高线间距相同。曲线段

附图1-2 台地阳角处护坡转角面的等高线表达

的两端应与同名护坡等高线的直线段相切连接。另外，还应画出转角面的中分线，以便在其上求得转角面的顶（脚）点。

3. 附图 1-3a 和附图 1-3b 分别表示转角线和转角面两种工程做法，如何求得其顶（脚）点。常规的截面法如两图中的左侧所示：首先要画护坡转角线（或转角面中分线）处的截面图，可得护坡转角截面线与自然地面截面线的交点（O′），再将其投影到平面图中的护坡转角线（或转角面中分线）上，即可得顶（脚）点 O，连接 O1 和 O2 则可围合成完整的护坡范围线。

4. 如果仔细观察，就会发现，其实可以将截面图中的"交点区"移至平面图上（如附图 1-3 中影线部分所示），并将护坡转角线（或转角面中分线）兼作低值等高线，直接在其上绘制自然地面截面线和护坡转角截面线，再将二者的交点投影至护坡转角线（或转角面中分线）上，即得护坡转角线（或转角面）的顶（脚）点。此法与截面法的原理相同，仅为简化了作图，故称其为"简化截面法"。

## 二、简化截面法求解的基本步骤

简化截面法的基本步骤可总结为：
- "交点区"的平面定位；
- 绘出护坡转角线（或转角面中分线）；
- 绘制自然地面截面线；

附图 1-3a

附图 1-3b

● 绘制护坡转角截面线；

● 将两截面线的交点投影到护坡转角线上（或转角面中分线）上，即得转角线（或转角面）的顶（脚）点。

以下根据护坡转角线与自然地面等高线的平面关系，分别叙述不同的解法。至于护坡转角面的相应解法与其相同，故不再重述，仅在附图中分别表示，即可对照解读。

1. 护坡转角线与"交点区"内的两条自然等高线均相交（见附图 1-4a，护坡转角面者则为附图 1-4b。以下附图均同，故索引图号不再分 a 和 b）。

（1）"交点区"的定位：在完成非转角处的护坡范围线后，"交点区"在平面图中护坡转角线上的位置也随之明确。

（2）绘制自然地面截面线：标出护坡转角线与"交点区"两条自然地面等高线的交点（高者为 a，低者为 b）。在 a 点作护坡转角线的垂线，并截取 1 个等高距可得 c 点，连接 bc 即得自然地面截面线。

（3）绘制护坡转角截面线：在护坡转角线上标出与上述两条自然地面等高线同名的护坡等高线点（高者为 a′，低者为 b′）。在 a′点作护坡转角线的垂线，并截取 1 个等高距可得 c′点，连接 b′c′即得护坡转角截面线。

附图 1-4a

附图 1-4b

359

（4）标出两截面线的交点 0′，并向护坡转角线作垂线，其垂足点 0 即为护坡转角线的顶（脚）点。

（5）附图 1-4～附图 1-6 为场地平面阳角处，挖方和填方护坡转角线（面）顶（脚）点的解法示例。

附图 1-7、附图 1-8 和附图 1-9 则为场地平面阴角处，挖方和填方护坡转角线顶（脚）点的解法示例。如前所述，护坡转角面做法在场地平面阴角处，比转角线做法并不经济和简单，故多不采用。

2. 护坡转角线与"交点区"的两条自然地面等高线只有 1 个交点或另 1 个交点极远（附图 1-10）。

（1）"交点区"的平面定位：同前，且更显而易见。

（2）绘制自然地面截面线：

先在无交点（或交点极远）的一侧，在护坡转角线上任取一点（b1）根据其在等高线间距中的距离比，求出该点与低值等高线的标高差，并在垂线上相应量取，可得 b2 点。再看交点 a 如在高值等高线上，则在其垂线上量取 1 个等高距得 c 点，连接 b2c 即为自然地面截面线；如 a 点位于低值等高线上，则直接连接 b2a 即得。

（3）绘制护坡转角截面线：作图同前，可得该线 b′c′。

（4）标出两截面线的交点 0′，并向护坡转角线作垂线，其垂足点 0 即为护坡转角线的顶（脚）点。

附图 1-5a

附图 1-5b

附图 1-6a

附图 1-6b

附图 1-7

附图 1-8

附图 1-9

363

附图 1-10a

附图 1-10b

364

（5）有时也可以用绘制附加等高线的方法，将条件转换为护坡转角线与"交点区"的自然地面等高线有 2 个交点，解法仍可不变（附图 1-11）。应注意的是：量取 $b_1b_2$ 的高度时，应为附加等高线与原等高线间的等高距。

附图 1-11a

附图 1-11b

3. 如出现护坡转角线与"交点区"的两条自然地面等高线均无交点或交点极远时（附图 1-12），可在护坡转角线上任取两点（$a_1$ 和 $b_1$），分别用前述之方法求得 $a_2$ 和 $b_2$，连接 $a_2b_2$ 即得自然地面截面线。护坡转角截面线的绘制也同前，随之护坡转角的顶（脚）点也即可得。

4. 综上所述，可以看出三种不同解法的主要区别在于如何求得自然地截面线，其他步骤并无不同。

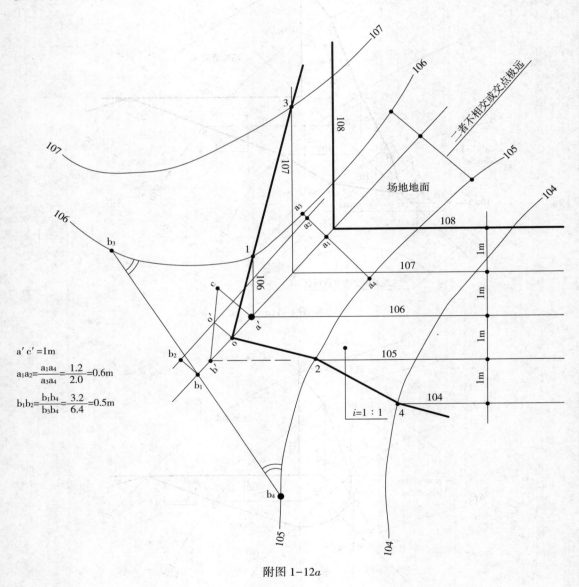

$a'c' = 1m$

$a_1a_2 = \dfrac{a_1a_4}{a_3a_4} = \dfrac{1.2}{2.0} = 0.6m$

$b_1b_2 = \dfrac{b_1b_4}{b_3b_4} = \dfrac{3.2}{6.4} = 0.5m$

附图 1-12a

附图 1-12*b*

$a'c'=1m$

$a_1a_2=\dfrac{a_1a_4}{a_3a_4}=\dfrac{1.2}{2.0}=0.6m$

$b_1b_2=\dfrac{b_1b_4}{b_3b_4}=\dfrac{3.2}{6.4}=0.5m$

### 三、护坡转角线（面）顶（脚）点的近似求法

由于考试时间有限，必要时可在确定"交点区"后，在护坡转角线（或转角面中分线）上，直接取该区上下两条护坡等高线的中点作为顶（脚）点。虽为近似位置，但解答基本完整，无概念性错误，失分不多。

或者，仅在护坡转角线（或转角面中分线）与自然地面等高线无交点或交点在图外时，用此点求得顶（脚）点的近似位置，其答案则更趋完整。

### 四、例题（附图 1-13～附图 1-18）

试作下列例题的目的在于：验证"简化截面法"的可靠性与可行性，为求解寻得捷

径。原题分别摘自本书、《场地设计（作图）应试指南》和《建筑学场地设计》，故设计条件和任务要求不再重述。其中为表达清晰，将个别护坡的坡度变陡（如将1:3或1:2改为1:1），以及调整制图比例。而任务要求一律改为绘制护坡范围线，但可与原答案（如为修坡或挡土墙）互为对照，更可加深理解。题中涉及的护坡等高线、变坡点位置等解法应参考原书，此处不再重述。

### 五、建议

护坡范围线的绘制已属于场地施工详图的范畴，其中护坡转角线（面）顶（脚）点的求法更是难中之难，故此类试题大多已超出命题的深度范围或解题时限。据此，建议考生学习本附录时，主要掌握护坡转角线（或转角面中分线）与"交点区"内的两条自然地面等高线均有交点时的解法。而且只需能熟练绘制最多2个相邻台地转角和其间的护坡范围线即可，再多则在限时内很难完成。

甚至必要时，索性用近似解法求得护坡转角处的顶（脚）点，迅速绘出完整的护坡范围线，也不会失分太多。

附图1-13a（根据《建筑学场地设计》图1.4.23b改绘）

矩形台地无坡度

附图1-13b

369

护坡范围线

护坡等高线

219.25

219.25

0.25

1.0 1.0 1.0 1.0 1.0

1.0

1.0

1.0

1.0

220.00

220.00

1.0 1.0

0.2m

0.3m

i=1:1

1m

1m

1m

1m

1m

1m

213

214

215

216

217

218

219

附图1-14a（根据《场地设计〈作图〉应试指南》图2-21改绘）

*370*

● 矩形台地有坡度

护坡范围线

护坡等高线

0.2m

220.00

219.25

219.25

220.00

$i=1:1$

0.3m

219
218
217
216
215

213
214
215
216
217

218

附图1-14b

371

附图 1-15a（根据《建筑学场地设计》图 1.4.27d 改绘）

附图1-15b（根据《建筑学场地设计》图1.4.27d改绘）

● 矩形台地有坡度

373

附图 1-16a（根据《建筑学场地设计》图 1.4.30c 改绘）

附图1-16b（根据《建筑学场地设计》图1.4.30c改绘）

附图 1-17a（根据《建筑学场地设计》图 1.4.25c 改绘）

护坡范围线

113

112

111

110

109

108

107

106

105

114

1m

112

1m

D 110.7

F

等高线

排水沟

110.7

111 112

110.7

C

110.7

0.2 1.0

0.3

E

114

113

112

1.0 1.0 1.0 0.7

1m

$i=1:1$

A 110.7

110.7 B

1m

110

109

108

107

1m

106

护坡范围线

107

108

109

110

111

105

● 非矩形台地无坡度

附图 1-17b（根据《建筑学场地设计》图 4.25c 改绘）

214.5

214

0.1m

0.5m

0.5m

0.5m

O

214.5

P

B

214

A

215

213.5

213.5

213.5

215

214

212.5

挖土护坡的范围线

214.5

213

213.1

213

台地等高线213

213

214

G

E

212.5

i=5%

213.5

填土护坡的范围线

212

212.5

212

0.5m

213

211.5

211.5

E

212.5

台地等高线212.5

212.5

F

212

i=1:1

0.5m

0.3m

212.5

0.5m

212.3

0.3m

212.3

0.5m

C

212

N

D

G

211.5

0.5m

211

211

211.5

211

211.5

212

附图 1-18a（根据《建筑学场地设计》图 1.4.28c 改绘）

378

214.5

0.5m

214 0.1m

0.5m

213.5

214.5

213

214.5

B 213.5

214.5

214

213.5

A

215

215

挖土护坡的范围线

214.5

212.5

213.1

213

G

台地等高线213

213

E

214

填土护坡的范围线

212

212.5

i=5%

213.5

213

211.5

212

0.5m

211.5

211.5

E 212.5

台地等高线212.5

212.5 F

212.5

0.5m

i=1:1

0.5m

0.5m

0.3m

C 212.3

212

212.3

212.5

N

D

211

0.5m

211.5

211

0.5m

211

211.5

●非矩形台地有坡度

附图 1-18b（根据《建筑学场地设计》图 1.4.28c 改绘）

# 附录二

# 停车场布置的基本模式

## 一、停车方式与单位停车面积

1. 停车方式依据车位纵轴与行车道的夹角，分为平行式、斜列式和垂直式三种。有关各类车型不同停车方式的设计参数，可详见《全国民用建筑工程设计技术措施（规划·建筑）》（以下简称《技术措施》）表 5.1.11。现将表中常用的小型车单位停车面积摘录如下：

| | | |
|---|---|---|
| 平行式 | （前进停车） | 33.6m² |
| 斜列式 | （30°前进停车） | 34.7m² |
| | （45°前进停车） | 28.6m² |
| | （60°前进停车） | 26.9m² |
| | （60°后退停车） | 26.1m² |
| 垂直式 | （前进停车） | 30.1m² |
| | （后退停车） | 25.2m² |

从中可知垂直后退停车方式占地最小，故广为采用。其他停车方式则多用于用地尺寸和形状受限制时。

小型车垂直后退停车方式的设计参数如附图 2-1 所示。

We（垂直行车道停车带宽度）=6m

Wd（行车道宽度）=6m

Lt（平行行车道停车带宽度）=2.8m

A（单位停车面积）
  =（6m+0.5×6m）×2.8m=25.2m²

附图 2-1

2. 《技术措施》第 5.1.3 条规定："停车场用地面积每个停车位为 25~30m²"，系根据简单的在行车道两侧停车计算而得。但在工程实际中，尚有行车道环通、行车道个别路段只能单侧停车（甚至空跑），以及设置残疾人车位、绿化带、管理用房等要求，故停车场的用地指标多在 40m²/辆以上。经验表明：只有为"路边式"停车场和停车位>200 辆的其他类型停车场才能接近该规定指标。

3. 路边停车

有时在场地内道路的两侧或一侧，以及入口广场的边缘布置停车位。一般均根据道路和用地条件采用不同的停车方式，但仍以垂直式居多。其优点是车辆停放方便、用地经济，只是车位不宜超过 20 个。鉴于设计简单，本文从略。在历年的场地作图考试中，也仅作为综合设计题的一项考核内容出现。

## 二、停车场试题的命题条件

从历届的停车场作图题观之，为降低难度和简化制图，命题的条件与某些规范的设计参数有所不同，可归纳如下：

1. 均为布置小型车垂直后退停车的停车场。

2. 行车道要求环通，宽度由 6m 统一为 7m，与出入口通道同宽。

3. 停车位尺寸由 2.8m×6m 统一为 3m×6m。

残疾人车位间的轮椅通路由 1.2m 统一为 1.5m，且残疾人车位多为偶数，以使 2 条通路恰好折合 1 个车位。

4. 当无限制条件时，出入口通道为场内行车道的延伸。

5. 管理用房的尺寸也与车位尺寸匹配。

6. 多要求沿地界内侧设 2m 宽绿化带（残疾人车位后改为轮椅通路）；当有中间停车带时，车尾间多设 1m 宽绿化带；有时还给出转角处绿化带的尺寸。

应指出的是：这些命题条件仅适用于对停车场试题的探讨，其规律性的结论只为便于解题，在具体工程设计中不可直接套用。

## 三、停车带与行车道的最佳布局

1. 在同一停车场用地内，停车带与行车道的布局可有三种：即停车带呈横向布置（附图 2-2）、停车带呈竖向布置（附图 2-3）和停车带呈横向及竖向布置（附图 2-4）。其中前二者因行车道的部分路段无停车位，形成"空跑"，导致停车数量较低，用地指标偏高。

由此可以看出，停车场的最佳布局应是：首先沿用地的周边布置停车带，然后在其内侧布置环通的行车道，同时围合出中间停车带，并应以行车道双侧停车为主。

2. 当然，在特定的条件和要求下，上述结论也不尽然。如：例题 5.2.2，因停车场一侧为超市出入口，为方便通行，沿该侧未布置停车带。又如：试题 Ⅱ.5.00 因停车场地有 4.8%（限值为 3%）的横坡，故采用停车带均呈横向的方案反而是正确的，因能防止"溜车"，可确保安全。再如：试题 Ⅱ.5.03，因停车场分为上下两个台地，连通二者的坡道位于场地的外缘，行车更为顺畅。

●停车带均呈横向布置

附图 2-2

●停车带均呈竖向布置

附图 2-3

共计：65辆（33.3m²/辆）

● 停车带呈横向及竖向布置

附图 2-4

共计：48辆（34.8m²/辆）

● 50辆及以下停车场布置的基本摸式

附图 2-5

## 四、50 辆及以下停车场布置的基本模式

1.《停车库、修车库、停车场设计防火规范》规定："停车数量不超过 50 辆的停车场可设一个疏散出口"。据此，并按照前述的停车场命题条件 1~4，即可得出两种相应的最大用地尺寸及布置方式，如附图 2-5 和附图 2-6 所示。前者用地尺寸长×宽=44m×38m，停

附图 2-6

●中间停车带为平行式停车

附图 2-7

车 48 辆（34.8m²/辆）；后者用地尺寸长×宽=56m×32m，停车 50 辆（35.8m²/辆）。二者的行车道均呈"口"字形环通。区别仅在于后者的中间停车带为 1 排车，即行车道单侧停车的路段较长，以致用地指标较高。此外，前者用地方整，长宽适中，故在实际工程及历年试题中采用较多，成为 50 辆及以下停车场布置的基本模式。以此为基础，在竖向以 3m 为模数根据需要递减，则可得更小停车场的尺寸，且出入口方位对停车数量无影响。

2. 上述结论是在"命题条件 1~4"下所得，如果变更或增加命题条件，答案也将随之不同。

（1）如中间停车带允许改为平行式停车（宽 3m），则停车场最大用地尺寸长×宽=66m×29m，停车 50 辆（38.3m²/辆），如附图 2-7 所示。也可参见例题 5.2.4，因其布置有 4 辆残疾人车位和 1 间管理用房，故减少为 48 辆。另外四周增加了绿化带（2m 宽），故用地尺寸长×宽=70m×33m。

（2）又如"路边式"停车场采用行车道不环通的盲端布局，其最大用地尺寸和布置方式如附图 2-8 所示。其中行车道尽端宜设长×宽=6m×7m 的回车段，以利尽端车位进出。两种布局的用地指标均较经济，但由于用地狭长，适应性较差。实际工程中多用于 20 辆左右的小型停车场，甚至演变为路边停车。

（3）再如中间停车带内增加 1m 宽绿化带，则停车场用地最大尺寸长×宽=44m×38m。横向出口时停车增至 50 辆（34.3m²/辆）、竖向出口时停车增至 49 辆（35.0m²/辆），分

附图 2-8　"路边式"停车场

别如附图 2-9 和附图 2-10 所示。二者停车数均有增加，且用地指标也较好，故此类模式也应用较多。此外，在多数试题中尚要求沿停车场地界四周布置绿化带（一般为 2m 宽），此举对停车布置无影响，但会增大用地面积和指标。

●中间停车带设有1m宽绿化带（横向出口）

附图 2-9

●中间停车带设有1m宽绿化带（竖向出口）

附图 2-10

**五、50辆以上停车场布置的基本模式**

1. 根据上述 50 辆及以下停车场布置的基本模式，只需在竖向增加 1 个车位宽度（3m），则得出 50 辆以上停车场的最小用地尺寸长×宽＝47m×38m，其内增开第二出口后可停车 52 辆（34.3m²/辆），即成 50 辆以上停车场布置的基本模式（附图 2-11）。

●50辆以上停车场布置的基本模式

附图 2-11

当然，此结论也是对应"命题条件 1~4"得出的，若增加布置残疾人车位、绿化带、古树保护、管理用房等要求，则答案也随之变化。如试题Ⅱ.5.98，其用地长×宽＝54m×43m，即缘于这些要求，且将停车位降至 50 个，故仍设一个出口。

2. 以此基本模式为基础进行扩展，即可得出 50 个以上更多停车位的停车场。

（1）基本模式的横向尺寸（38m）不变，沿竖向（47m）以车位宽度（3m）为模数延伸，每增加 3m 可增设 4 个车位（与出入口方位无关）。需要注意的是：当中间停车带大于 50 辆时，应增加行车道进行分组布置，形成"日"字形行车道环路，如试题Ⅱ.5.97所示。但该题在场地四周和中间停车带均设有 2m 宽绿化带，故横向尺寸由 38m 增至 38+3×2＝44m；同理竖向尺寸则为 47+26×3+2×2＝129m。

（2）基本模式的竖向尺寸（47m）不变，横向以中间停车带宽度（2×6m）+行车道宽度（7m）＝19m 为模数扩展，则每增加 19m 可增设 26~28 个车位（视出入口方位和扩展次数而定）。直到需要的车位数为止，其行道环路呈"▢▢"、"▢▢▢"……状，如例题 5.2.2 所示。但该题要求场地四周和中间停车带设 3m 或 2m 宽绿化带，故横向尺寸为：38m+（2×19m）+（2m+3m）+（3×2m）＝87m；竖向尺寸因为场地上沿未设停车带（宽6m），故为：（47m-6m）+（11×3m）+（3m+2×2m）＝81m。

（3）当然，竖向及横向也可同时按上述规律双向扩展，从而达到需要停车数量，形成更大型的停车场，其行车道系统则成"田"、"▭▭"、"▭▭"……状。且应根据《技术措施》的规定，当停车位>300 个和>500 个时，应分别设置 3 个和 4 个出口。鉴于历届停车场试题应在 30 分钟内完成，其停车场规模多在 100 辆以下，故对大型停车场的布置，不再作深入探讨。

### 六、其他布置原则

1. 入口与出口的定位（详见《建筑学场地设计》3.1.15）

当停车场有不小于两个出入口时，入口与出口的定位应以进出车流避免交叉为原则。

（1）当停车场仅一侧有场外道路时，无论是单向或双向车道，均应沿车行方向近者为入口，远者为出口。其中，对场外的双向车道必须采取相应的设施或规定，以避免直接左拐进出。

（2）当停车场相邻或相对的两边有场外道路，且出入口分别通向两个道路时，则应以进出车流为顺时针的原则，确定入口和出口的位置。

2. 场内行车道的布置（详见《建筑学场地设计》3.1.18）

场内行车道应采取与进出口行驶方向相一致的单向行驶路线，避免相互交叉。因此场内行车道应要求环通，尽量避免尽端停车。

（1）对于仅有一个出入口的停车场，除非因场地形状和尺寸的限制，或者停车位极少，必须采用尽端式停车外，均应采用环通式行车道。

（2）当停车场有不小于两个出入口时，可根据出入口位置的不同，采用环通式或穿越式的行车道。

3. 管理室的位置（详见《建筑学场地设计》3.1.20）

管理室主要用于办公、调度、警卫和收费。其中收费功能因收费方式的不同而异，目前多为计时收费。据此，管理室宜按以下原则布置。

（1）当停车场仅有一个出入口时，宜设于出场车流前进方向的右侧。

（2）当停车场有两个出入口时，宜设于出口车流前进方向的左侧。

4. 残疾人停车位的布置（详见《建筑学场地设计》3.2.2）

残疾人停车位的布置原则是：应使残疾人在其汽车与目的地之间，得到最便捷和安全的路径。

（1）当停车场与目的地之间设有专用的人行道时，残疾人停车位应靠近人行道，且轮椅通道（1.2m）应与其相通。

（2）当车辆出入口同时兼人员出入口时，仅有一个出入口者，残疾人停车位应靠近出入口；不小于两个出入口者，残疾人停车位应靠近与目的地最近的入口或出口。

5. 在历年试题中，由于设计条件或任务要求未能明确和充分体现上述布置原则，导致考生理解各异，难以确保正确答案的唯一性。例如：

（1）仅要求场内行车道应"贯通"而非"环通"；

（2）未明确相邻场外道路的行车情况，却要求确定入口和出口位置；

（3）未说明管理室有无收费功能及收费方式；

（4）未表明驾车人员出入的步行路径。

# 附录三

## 组合路面等高线的画法

所谓组合路面是指：除车行道外尚有与之相邻的路肩、人行道、绿化带及边沟等部位，其等高线的绘制自然比较复杂。

**一、组合路面各部位等高线的基本形态**（纵向坡度以上高下低表示）

1. 双坡车行道等高线的基本形态

因其横剖面为中间高两侧低，状似山脊，故等高线呈向上开口的"V"字或"U"字形折线或曲线。如附图 3-1 所示。

- $aA_1$=剖面高差÷$i_纵$
- 剖面高差=路宽（单坡）×$i_车$（道路横坡度）；或1/2路宽（双坡）×$i_车$；或拱高（拱形路面）
- $AB=BC=\cdots\cdots=A_1B_1=B_1C_1=\cdots\cdots$等高距÷$i_纵$（道路纵坡度）

- 单向平坡路面
- 双向平坡路面
- 拱形路面

附图 3-1 不同路面车行道的等高线形态

## 2. 边沟等高线的基本形态

因其横剖面为两侧高中间低，状似山谷，故等高线呈向下开口的"倒V"字或"倒U"字形的折线或曲线。如附图3-2所示。

- $AA_1 = 沟深 \div i_纵$
- $AB = BC = \cdots\cdots = A_1B_1 = B_1C_1 = \cdots\cdots = 等高距 \div i_纵$（道路纵坡度）

附图3-2　不同剖面道路边沟的等高线形态

## 3. 人行道等高线的基本形态

当横坡坡向车行道时，其等高线为相对于道牙点向外侧下垂的直线；当横坡坡向外侧时，等高线则为相对于道牙点向外侧上翘的直线。且均与车行道的同名等高线，在道牙处因高差而沿纵向低处位移。如附图3-3所示。

## 4. 单坡车行道和路肩等高线的基本形态与双坡车行道半侧相同。

## 5. 绿化带等高线的基本形态与人行道相似。

## 二、组合路面等高线的画法

### 1. 等高线的距离

在组合路面中，由于车行道、人行道、路肩、绿化带及边沟的纵向坡度（$i_纵$）是一致的，故各部位的等高线距离均为：等高距÷$i_纵$（在实际工程中，后二者可与前者不同）。

### 2. 在组合路面中，如以双坡车行道中心线为原点，同一条等高线在各部位边线处的纵向位移值均为：剖面高差÷$i_纵$。但在不同部位其"剖面高差"应按如下计算取值。

（1）在车行道边线处分别为：

双向平坡路面的剖面高差=1/2 路宽×$i_车$（车行道横坡度）

- 人行道坡向车行道 　　　　　　　　　　　　　 • 人行道坡向外侧

- $AB = BC = \cdots\cdots = A_1B_1 = B_1C_1 = \cdots\cdots = A_2B_2 = B_2C_2 = \cdots\cdots =$ 等高距 $\div i_{纵}$（道路纵坡度）
- $AA_1 =$ 道牙高 $\div i_{纵}$
- $a_1A_2 =$ 人行道宽 $\times i_人 \div i_{纵}$

附图 3-3　不同坡向人行道的等高线形态

单向平坡路面的剖面高差 = 路宽 $\times i_车$

拱形路面的剖面高差 = 拱高

（2）在路肩外缘处的剖面高差 = 路肩宽 $\times i_肩$（路肩横坡度）

（3）在人行道外缘处的剖面高差 = 人行道宽 $\times i_人$（人行道横坡度）

（4）在人行道道牙处的剖面高差 = 道牙高

（5）沟边至沟底的剖面高差 = 沟深

3. 绘制组合路面等高线时，应根据已知条件，首先选定一条等高线，由车行道中心线为起点，向两侧分别按"2"所述的方法绘出该等高线的完整形状。然后按"1"求出的等高线距离，依次画出其他高程的等高线即可。如附图 3-4 所示。

### 三、几点提示

1. 组合路面的等高线距离，系指双坡车行道中心线上，以及各部位交界线上等高线高程点的距离，并不等于等高线间距，因后者为等高线间的垂直距离（参见试题Ⅱ.3.99）。

2. 人行道与车行道的同名等高线在道牙处应有向低处的纵向位移，如画向高处则错误。因为车行道在道牙处的等高线高程点位于道牙下端，而人行道上的同名等高线在道牙的上端，故必然降至纵向的低处。

3. 当同时给出自然等高线时，则组合路面的等高线应在两侧与同名自然等高线相连接。若对调整等高线无固定坡度要求或设置挡土墙时，画法较为简单（参见试题Ⅱ.3.04）；如要求做护坡时则极为复杂，一般建筑师很难在限时内完成。可参见〈陈磊编指南〉习题 2-4。

附图 3-4　组合路面的等高线画法

# 附录四

## 失之毫厘　谬以千里

### ——命题应严谨、解题须谨慎

2001 年以前，主笔人曾参与一级注册建筑师资格考试场地设计的命题工作，深感解题难，命题更难！其最大的难点则在于力求正确答案的唯一性。鉴于命题的过程大多是先有答案，然后反向设置条件和要求，而几个命题人的思路和水平毕竟有限，因此总难免或大小或小的疏漏！如果正确答案并不唯一，但评分的"标准答案"却只有一个（特别是采用电脑评分时），势必造成"非标准"的正确答案被判为"错答"，既不合理，更有失公平。因此，确保试题的严谨应是命题者的责任！同时也提示考生，只有在答题前谨慎审题，才能避免失误！经验表明：如能参照选择题的问答内容，对应分析设计条件和任务要求，必能更准确理解命题的意图。

命题的不严谨主要表现为：依据的规范不准确，设计条件自相矛盾、主从未分、缺失不全、表述模糊，命题过难过繁等。以下分别举例说明和讨论。

一、依据规范不准确

为确保答案的正确性和唯一性，以及避免争议，故要求命题时应准确的以有关的现行国家规范为依据。

1. 例如，试题Ⅱ.5.00 和Ⅱ.5.08，在给出的设计条件中，将停车场地面坡度分别定为 4.8% 和 5%，并要求停车位的长向与地面坡度方向的夹角不小于 60°。其目的是确保只有停车位长向垂直地面坡向的答案才是唯一正确的答案。此项设计条件的依据源自《汽车库建筑设计规范》第 4.2.9 和 4.2.10 条，但该两条规定均只适用于斜楼板式汽车库，而非室外停车场。

至于室外停车场的地面坡度，《城市道路设计规范》第 11.2.10 条则规定："与通道平行方向的最大坡度为 1%，与通道垂直方向的为 3%"。《技术措施》表 3.2.2 也规定停车场地面的适宜坡度为 0.25% ~ 0.5%、最大坡度为 1% ~ 2%，且第 4.5.1 条更明确规定："停车场坡度不应超过 0.5%，以免发生溜滑。"这些规定虽然并不统一，但无一允许停车场地面坡度可以达到 5% 的。

综上所述，将停车场的地面坡度定为 4.8% 和 5%，由于违反规范，在实际工程中是不可行的。在考试中对此类错误的命题，若有考生拒绝答题并指出错误，起码不应扣分。

2. 还应提醒的是，命题所依据的规定条文，其限值应是确定的，而不是措词为"宜"、"可"或"不宜"等"允许稍有选择"的数据，以免答案有异，却非错答。例如，《技术措施》第 2.6.5 条规定，住宅之间的视觉卫生间距"一般不宜小于 18m"，就不能作为考核点。因为其值有较大的伸缩余地，且无浮动区限，同时能否用于住宅与公共建筑之间也无明确规定。除非在试题的设计条件中规定该值按 18m 考虑。

3. 此外，在某些辅导书的例题中，将场地平面的距离尺寸，混同于建筑平面，仍以毫米为单位进行标注。明显违背《总图制图标准》第 2.3.1 条的规定："总图中的坐标、标高、距离以米单位"。势必造成混乱和误导！

二、设计条件自相矛盾

由于给出的设计条件自相矛盾，导致答案不可能同时满足相关的要求。因此，所谓的"标准答案"实际是错误的！

例如〈张清编作图题〉3.4.3 题的设计条件既规定"将场地改为两级平台（平台排水坡度不计），要求土方量最小"。又规定"残疾人车位平坡通向人行道"。而该书给出的答案，为了满足后条的要求，将第一级台地的标高与给出的人行道标高相同（151.70），相应推算出第二级台地的标高为 151.70+1.50＝153.20。但从本书图Ⅱ.5.03-3（A）可以看出此时土方量其实最大，与同时要求的"土方量最小"正好相悖。反之，如满足"土方量最小"（如图Ⅱ.5.03-3（C）所示），则残疾人车位与人行道之间必有 0.75m 的高差，应设坡道连接，不可能以"平坡"相通。

因此，本书及其他辅导书中此题的设计条件，在要求"土方量应最小"的同时，均仅要求"残疾人车位缓坡通向人行道（$i \leqslant 1 : 2 \sim 1 : 8$）"。故二者无矛盾，答案正确且唯一。

三、设计条件主从未分

将相关的两项设计条件并列叙述、未分主从，从而导致没有答案可以同时满足该两项要求，试题实际无解。如将两项设计条件互为前提，则可分别得出正确且唯一的答案，才是命题者的初衷。

例如，场地剖面试题Ⅱ.4.07 的设计条件中规定：

1. "将该地改建为台地，并要求土方量最小且就地平衡运距最短"。

2. "在该台地上拟建建筑 C 一栋，要求距已建原有建筑 A 最近"。

但没有答案可以在满足土方量"绝对最小"的同时，又使建筑 C 距建筑 A"绝对最近"。

其正确的表述和答案有两种可供选择：

1. "在改建台地土方量最小且就地平衡的条件下，拟建建筑 C 距已建建筑 A 相对最近"。则其唯一正确的答案（A）如图Ⅱ.4.07-3 所示，也即各辅导书中"共认"的"标准答案"。

2. "在拟建建筑 C 距已建建筑 A 最近的条件下，改建台地的土方量应相对最小且就地平衡"。则其唯一正确的答案（B）如图Ⅱ.4.07-4 所示。

由于前者可能是命题人的初衷，故被定为"正确答案"；而后者则视为"错误答案"，实属冤枉。因为，当给出的设计条件主从关系不明确时，考生必然会因对设计前提条件的理解不同，得出相异的答案，二者并无对错之分，其责任不在于考生。

至于图Ⅱ.8.07-5 所示的答案 C，虽然建筑 C 距建筑 A 也最近，但土方量比答案（B）要大（且为土方量的绝对最大值），故可以肯定为"错误答案"。

四、设计条件缺失不全

设计条件缺失，也即限制因素不全，从而导致一题多解。而预设的"标准答案"却只有一个，其他"非标准"的及格答案则被判为"错答"，必然影响考生成绩。

1. 例如，场地综合设计试题Ⅱ.8.11，由于对篮球场和停车场位置的限制条件不足，最终可生成 4 个均应视为及格的答案（图Ⅱ.8.11-2 至图Ⅱ.8.11-5），但评分标准却只认可图Ⅱ.8.11-2所示者为正确答案，显然有失公平。

2. 又如，在场地综合设计试题中图Ⅱ.8.07-2所示某辅导教材的答案，由于未限定花园的位置，因此可以另外给出如图Ⅱ.8.07-3所示的答案，且更简洁合理，不能视为"错答"。

3. 在停车场试题中，常要求布置管理室和残疾人车位、标明汽车入口及出口的位置。但却未明确给出管理室有无收费功能及收费方式、通往目的地的人行路径，以及场外相通道路的行车状况。以致考生理解不同，答案各异。详见附录二之六和试题Ⅱ.5.97、Ⅱ.5.99、Ⅱ.5.01、Ⅱ.5.03、Ⅱ.5.04、Ⅱ.5.06~Ⅱ.5.08、Ⅱ.5.11以及例题5.2.2。

五、设计条件表述模糊

由于给出的设计条件（措词或图示）不够精确，使考生因解读的取向不同而答案各异。

1. 例如，在〈张清编作图题〉图5.4.12（a）中，给出的场地北部为坡地，已建住宅位于标高5.00和6.00等高线之间。在答案中图中的研究中心则邻近标高4.00等高线，将二者的室外高差定为1m的依据显然不足。但标准答案却以此值计算日照间距，从而确定研究中心的位置。如考生未取此值，则必然失分，实在冤枉。若将标高5.00等高线处改为挡土墙，形成上下高差1m的两个台地，该项设计条件则明确无误，免生多种解读，答案必然唯一。

2. 同样，在试题Ⅱ.3.11的设计条件中，虽有"某坡地上已平整出三块台地"的表述。但在给出的条件图中，由于未明确标注三块台地北界和南界平整后地面的横向坡度。以致三个台地的标高可有两种不同的答案。而且均无概念性错误，其责任不在考生。

3. 再如，试题Ⅱ.5.05为停车场试题。其标准答案为场内无环路，两个出入口直接对外的"U"形车道，"车道贯通"且停车位最多。然而由于"车道环通"才是停车位布置的最优选择（详见附录二之六），故有的考生不惜减少车位以形成场内环路。该答案虽然也满足"车道贯通"的要求，但因车位减少和周边绿化带宽度有一处不足1.5m，而视为错答。

4. 还有，停车场试题Ⅱ.5.01中，已知城市道路的标高22.00和21.20（m），故在答案图中，与停车场引道相连处的标高应为该两个标高的插入值。故停车场与城市道路的高差不能定为22.00-20.00=2.00（m）。

同理，由于未给出城市道路与人行道的高差，故残疾人坡道引入端的标高，也不能直接用城市道路22.00和21.20（m）之间的插入值。

上述模糊不全的设计条件，必然导致各考生答案中的相关数值不可能一致。

六、命题过难过繁

场地设计虽然与建筑专业的关系极为密切，但毕竟仍属相关专业。因此命题的深度应以方案及初步设计阶段的总图设计知识为主，对于施工图设计阶段的内容应限于基础知识和概念。同时，试题可以源于工程实践，但应提炼和简化，不能照搬套用，以保证在限时内能够完成。因此过难和过繁的试题都是不合理的。

1. 其中以场地地形试题Ⅱ.3.98最为典型。该试题不仅给出的地形和场地平面复杂，而且要求绘制护坡的范围线。当年几乎无人能在限时内答完，至今的各辅导书中也未见公认的正确答案。

再如，试题Ⅱ.5.12的设计条件，要求停车带按汽车3辆（和自行车20辆）成组布置，组间设1m（和2m）的绿化带。以致制图工作量倍增，但对停车场总体布局能力的考查意义甚微。

2. 前已述及，场地设计中的标高、坐标和距离均以米为单位，在实际工程中更要求标注至小数点后三位（即精确至毫米），且数据多较零碎。但在命题时，为在限时内重点考查场地设计知识，允许简化此类数据。因此，设计条件中给出的标高、距离、等高距、坡度和日照间距系数等应尽量简单、规整，不必追求"工程化"。

例如，在场地地形例题3.3.1中，给出的A、B点标高（49.78和49.55）以及拱高（0.045）均较零碎，以致计算繁琐。同时道路纵向又设变坡，使题量加倍，但对等高线概念的考查并无新意！

同样，在试题图Ⅱ.3.05-6中，要求广场的纵坡和横坡为变值（0.3%~1.0%），导致需多次假定和反复验证后，才能确定合理的标高。该题虽然接近工程实际，但考生在限时内难以完成。

3. 当然，试题也不能过度脱离工程实践。例如场地地形例题3.2.3，要求将修建的护坡限定在用地范围内，以致可建用地面积减少，且平面形状极不规则，难以使用，得不偿失，理应修筑挡土墙。此外也与建设用地的审批原则不符，更使该题变为以几何运算为主，违背了考查场地设计能力的初衷。

4. 在命题时还应避免以生僻的规范条文作为考核点，因为建筑师对不常用的规定，只要知道应在何处查询即可，不须也不可能全部熟记。

例如，试题Ⅱ.8.11和Ⅱ.8.12中即分别以"甲类厂房与民用建筑的防火间距应≥25m"、"高层建筑与多层民用建筑（耐火等级为三级）的防火间距应≥11m"和"耐火等级二级与三级多层民用建筑的防火间距应≥7m"为考核点。

又如，本书场地分析例题2.1.3中的考核点则为：单株古树名木的保护距离应"同时满足树冠垂直投影及其外侧5.0m宽和距树干基部外缘水平距离为胸径20倍以内"。

而此类规范数据建筑师并不经常涉及，未免强人所难，实无必要。

# 附录五

# 关于场地分析试题中最大可建范围线的讨论

一、概述

1. 场地分析试题的定性

场地分析试题主要是根据给出的环境与法规条件，绘出该场地平面或剖面的最大可建范围（但后者被纳入场地剖面试题的范畴）。其目的在于对用地的可建范围给予宏观的控制，重在分析拟建与已建建筑的相互影响与制约。故属于设计前期建筑策划的性质。

2. 场地分析试题的内涵

该项工作所依据的环境条件（地形、地质、地貌、地物、风向及日照等）均已基本明确，但在法规条件中除规划退界、防火间距、日照间距外，管线、噪声、卫生、视线、古建与名木等的防护距离，以及建筑密度、绿化率、停车指标等，特别是建筑单体、室外路网及景观等，尚需在方案设计、初步设计和施工图设计阶段逐步深入及协调后才能确定。

由此可知：拟建建筑的最大可建范围线，绝不等于该建筑（一栋或多栋）最终的平面轮廓线。后者尚需根据使用功能、技术条件、规范要求、艺术处理、经济效益等继续综合设计才能定案。但可以肯定的是：后者必然在前者的范围之内，不应突破。也即在最大可建范围线内，不仅要布置一栋或多栋拟建建筑，大多还要布置道路广场、绿地景观等。

3. 场地分析试题的命题原则

（1）应约定俗成的是：拟建建筑的最大可建范围线，基本是根据环境条件，以及规划退界值、日照间距系数和防火间距三项法规数据所限定的区域线，从而成为场地分析试题的基本考核点。当然还可增加其他后期条件作为考核点（如视线、管线、噪声、卫生、古建、名木的保护距离等），但应在试题的设计条件中明确其相应的要求，以及提供生僻的建筑师不必熟记的相关数据。否则考生即可认为不必考虑这些因素。质疑者也不应以这些因素否定答案的正确性和唯一性。

（2）命题人应以规范中必须执行并为固定限值的条文为依据，以确保正确答案的唯一性。而质疑人也不应以非规范条文（如教材）或数值有伸缩余地的规范条文苛求答案。

4. 依据上述几点，仅就历年场地分析试题中，有关最大可建范围线的争议讨论如下。

二、防火间距的表达

1. 防火间距因建筑类型、建筑的耐火等级、相邻外墙是否为防火墙，以及是否开设门窗等条件而异。因此，在场地分析试题的设计条件中应明确已建和拟建建筑的上述情况。当建筑为三、四级耐火等级时，宜提供相应防火间距的规定值，因该值不需要每个建筑师均应熟记。

2. 已建与拟建建筑防火间距的表达如附图 5-1 所示。由防火间距所限定的可建范围线，应与相邻已建建筑的外墙平行（可为直线或曲线），其间距应为规定的防火间距值；对应已建建筑阳角处的可建范围线，应是以阳角为圆心、以规定防火间距为半径的圆弧。有人认为该处应取直角，以利消防车通行，实际并无意义（详见后）。

附图 5-1

三、考虑消防车道通行时的建筑间距

1. 根据《建规》第7.1.8条的规定，消防车道的宽度应≥4m，其路缘距建筑外墙宜≥5m，且距高层和多层建筑无差别。

据此可知：当考虑消防车道时建筑间距宜≥5m+4m+5m＝14m。该距离不仅大于高层建筑之间的防火间距13m，更大于高层与多层（或裙房）建筑之间的防火间距9m，以及多层或（裙房）建筑之间的防火间距6m。

2. 若再考虑消防车道在建筑阴角处的通行问题，则更为复杂。因为消防车最小应属于中型车，根据《建筑学场地设计》3.1.13 关于汽车回转轨迹及方式的分析：如果在11.19m 范围之内，直角式转角处的道路宽度小于6.76m 时，中型车是无法通过的（附图5-2）。因此，由防火间距所确定的拟建建筑范围线，仅将已建建筑阳角处的弧线改为直角，并不能解决消防车在该处的通行问题。

3. 综上所述，可知当考虑消防车道通行时，相邻建筑的间距均大于相应的防火间距。但是，由于在设计前期阶段，拟建建筑的平面，以及与其相邻消防车道路网等均未定案，因此无从考虑消防车道通行对建筑间距的实际影响。故在场地分析试题中宜暂不考虑消防车道的通行问题，以便简化试题，确保正确答案的唯一性。如欲作为考核点，则应在设计条件中明确消防车道的位置、相邻建筑的层数、外墙的性质和门窗设置等。

因为，执业资格考试毕竟不是工程设计，在限定的时间内，考核点必须有所取舍，只能重点考查几项知识和能力。

4. 其他

（1）有人根据《建规》第7.1.1 条的规定，认为当拟建建筑的可建范围线沿街长度图中标注：
- 11.19m
- ≥6.76m
- 6.51m
- 11.19m
- 11.19m
- ≥6.76m
- 直角式转弯处的内外路缘
- 单行环道的内外路缘

附图 5-2

>150m或周长>220m 时，应设置穿过建筑物的消防车道或设置环形消防车道。但在拟建建筑平面和路网尚未最后定案的情况下，实际难以考虑。

（2）还有人根据《建规》第7.2.1条，要求绘制拟建商住楼高层主体的可建范围线时，应考虑消防车登高操作场地的设置。但在设计条件中并未明确此项要求，以及相应的位置和长度。故考虑此点实无必要。

四、关于住宅建筑间距的其他规定

1. 根据《城住规》第8.0.2.3条的规定：组团路（相当于消防车道）两侧的建筑间距，当有供热管线时宜≥10m，该值大于高层建筑与多层（或裙房）建筑的防火间距9m和多层（或裙房）建筑之间的防火间距6m；当无供热管线时宜≥8m，该值大于多层（或裙房）建筑之间的防火间距6m。

但由于在设计前期阶段，供热管网尚未布置，故此项规定在场地分析题中应暂不考虑。

2. 鉴于住宅侧面间距的大小对居住区的居住密度影响较大，故《城住规》第5.0.2.3条规定：多层条形住宅的侧面问题宜≥6m，（与防火间距相同）；高层与各种住宅的侧面间距均宜≥10m，该值虽然<高层建筑之间的防火间距13m，但>高层与多层（或裙房）建筑之间的防火间距9m。

应注意的是，此条规定仅适用于住宅之间的侧面间距，且其值为"宜"，尚有伸缩余地。故在场地分析题中，如设计条件完全符合并明确规定数值，在绘制拟建建筑的可建范围线时，则应执行。

五、关于日照间距

1. 日照标准（摘自《通则》第2.0.13条）：

根据建筑物所处的气候区、城市大小和建筑物的使用性质确定的，在规定的日照标准日（冬至日或大寒日）的有效日照时间范围内，以底层窗台为计算起点的建筑外窗获得的日照时间。

（1）住宅的日照标准见《城住规》第5.0.2.1条。老年人和残疾人住宅的卧室、幼托的主要活动用房、医院半数以上的病房、疗养院半数以上的疗养室，以及中小学半数以上的教室等均相应的日照标准，可详见相关的建筑设计规范和《技术措施》第2.4.8条。

（2）为公平起见，在实际工程设计时，"计算起点"不论窗台高低，均取距底层室内地面0.9m高的外墙处；当有日照要求的建筑位于无日照要求建筑的上层时，则从距二者相邻楼面0.9m高的外墙处算起。

为简化计算，在场地分析试题中，均取被遮挡建筑的室内地面（或楼面）为计算起点，不考虑0.9m的窗台高度和底层的室内外高差。

2. 日照间距系数（A）：

根据日照标准确定的房屋间距（L）与遮挡房屋檐高（H）的比值（A＝L/H）。参见《城住规》第2.0.18条。

（1）该值的原理为以太阳高度角控制日照时数，从而达到日照标准。故不同纬度地区的规划主管部门均各自制定有相应的系数值，以便在规划中对日照间距进行简便的计算和控制（L＝A·H）。

（2）应注意的是，给出的日照间距系数，仅能直接用于计算正南向平行布置的条形住宅的标准日照间距。当平行布置的条形住宅非正南向时，可根据其偏东或偏西与正南向形成的方位采用不同的折减系数乘以标准日照间距即可。详见《城住规》第5.0.2.2条。

但有的地区规划部门也给出了不同方位的日照间距系数，自然可以直接计算出相应的日照间距。可参见《北京市建筑设计技术细则·建筑专业》第2.2.3条。不言而喻，在场地分析试题中，绘制由日照间距控制的可建范围线时，其拟建住宅均系指正南向平行布置的条件住宅而言，不考虑同时布置其他朝向的情况（如试题Ⅱ.8.04链接所示）。

（3）当条形住宅不平行布置，以及条形住宅被塔式建筑遮挡时，有的地区也制定有相应的日照间距计算公式，但无全国性的统一规定。故某些此类场地分析模拟试题中，仍沿用平行布置的条形住宅的日照间距系数，显然不妥。

（4）在实际工程设计时，遮挡建筑的檐高（H）应考虑其檐口宽度、屋顶上的连续突出物和坡屋面的影响。但在场地分析试题中均忽略不计。

但当遮挡建筑与被遮挡建筑的室外地面有高差时，或者有日照要求的被遮挡建筑位于无日照要求的建筑物之上时，檐高（H）值均应相应增减。场地分析试题也不能例外。

六、关于视觉卫生间距

为保证住户的私密性和安全感，布置住宅时应考虑视觉卫生间距。

遗憾的是，在《城住规》5.0.2条虽然规定"住宅间距，应以满足日照要求为基础，综合考虑采光……视觉卫生等要求确定"。并在第5.0.2.3条中又规定"高层塔式住宅、多层和中高层点式住宅与侧面有窗的各种住宅之间应考虑视觉卫生因素，适当加大间距"。但二者均为定性要求而无定量数值。仅在《技术措施》第2.6.5条中规定："居住区住宅建筑应有避免视线干扰，有效保障私密性的措施。窗对窗、窗对阳台防视线干扰距离一般不宜小于18m"。该值仍有伸缩余地，但无方向限制（住宅正南向的日照间距多可达到该值）。如附图5-3所示。

附图 5-3

・a为多层商业与多层住宅的防火间距应≥6m
・b为《城市居住区规划设计规范》规定高层与多层住宅之间的距离宜为≥13m
・c为同一规范规定：塔式高层住宅与侧面有窗住宅的间距应考虑视觉卫生因素，
　适当加大间距。《技术措施》规定：宜≥18m
・d处消防车难以通过

至于此规定是否适用于住宅与其他类型的建筑之间，尚不明确。

因此，在场地分析试题中，如考虑此因素，则应在设计条件中明确：已建与拟建住宅的相邻外墙上均开窗、视觉卫生间距按18m计。否则宜明确暂不考虑视觉卫生间距，以确保正确答案的唯一性。参见试题Ⅱ.2.01和Ⅱ.2.10。

七、关于防噪声干扰距离

在历年场地分析试题中，以防噪声干扰距离为考核点者，均见于确定教学楼的可建范围线时。所依据的规定为《中小学建筑设计规范》第2.1.1条："学校的主要教学用房的外墙面与铁路的距离应≥300m；与机动车流量>270辆/小时的道路同侧路边的距离应≥80m"。以及第2.3.6条："两排教室长边相对时其间距应≥25m。教室的长边与运动场地的间距应≥25m"。其中2.3.6条兼有防视线干扰的作用。可参见试题Ⅱ.2.99和Ⅱ.2.11。

八、古树名木的保护距离

《公园设计规范》第3.4.4条规定："单株树同时应满足树冠垂直投影及其外侧5.0m宽和距树干基部外缘水平距离为胸径的20倍以内"。其围合的保护范围显然为曲线，无取直的要求。

以此为考核点的试题，肯定会给出古树名木的位置、树冠范围和树干胸径。而两项保护距离的数值，建筑师多不熟悉，故易失分（参见例题2.1.3）。

九、古建筑的保护距离

古建保护范围线的轮廓和距离，由文物部门最后确定，建筑专业尚无相应的规范。因此，在场地分析试题的设计条件中应明确保护距离，以及对应古建筑阳角处的范围线按直角还是按圆弧绘制，以免因理解不同而答案各异（参见试题Ⅱ.2.98和Ⅱ.2.05）。

# 后　记

　　鉴于历届注册建筑师资格考试不公布试题和标准答案。因此，在诸多辅导书中，除模拟题外，所谓的"试题"多系根据考生的回忆及编者的理解归纳而成。以致"试题"给出的条件和答案，往往大同小异，使读者难免迷惑。为此，本书将当前散见于诸书中的例题加以汇总，并对同类者从纵向阐述最初的原型与其后的演变，再从横向评析题间的异同。目的在于：使读者在整体上对试题的范围和类型形成清晰的脉络，从而掌握解题的基本思路和规律，达到举一反三、一通百通的目的。

　　本书作为"汇评"，其中有些例题源自耿长孚、赵晓光、任乃鑫三位先生的著述。故成书前曾分别告知了编写意图，并得到他们的欣然同意和热情支持，对此深表谢意！另外，在编写过程中还得到胡平淳（马建国际建筑设计顾问有限公司）和吴阳贵（本院科技处）二位先生的大力协助，在此一并致谢！

编者